U0393631

大英博物馆

动物简史

[英] 克里斯托弗·马斯特斯（Christopher Masters） 著
谢文娟 郑秋雁 译

江苏凤凰科学技术出版社
· 南京 ·

图书在版编目（CIP）数据

大英博物馆动物简史 /（英）克里斯托弗·马斯特斯著；谢文娟，郑秋雁译．-- 南京：江苏凤凰科学技术出版社，2020.6（2024.6 重印）
ISBN 978-7-5713-1000-4

Ⅰ．①大… Ⅱ．①克… ②谢… ③郑… Ⅲ．①动物－普及读物 Ⅳ．① Q95-49

中国版本图书馆 CIP 数据核字 (2020) 第 033562 号

Designed by Peter Dawson and Alice Kennedy-Owen, gradedesign.com
This edition first published in China in 2020 by Beijing Highlight Press Co., Ltd

江苏省版权局著作权合同登记 10-2019-317

大英博物馆动物简史

著者	［英］克里斯托弗·马斯特斯（Christopher Masters）
译者	谢文娟　郑秋雁
责任编辑	沙玲玲
助理编辑	杨嘉庚
责任校对	仲　敏
责任监制	刘文洋
出版发行	江苏凤凰科学技术出版社
出版社地址	南京市湖南路 1 号 A 楼，邮编：210009
出版社网址	http://www.pspress.cn
印刷	上海当纳利印刷有限公司
开本	718mm × 800mm　1/16
印张	15.5
字数	240 000
插页	4
版次	2020 年 6 月第 1 版
印次	2024 年 6 月第 16 次印刷
标准书号	ISBN 978-7-5713-1000-4
定价	108.00 元（精）

图书如有印装质量问题，可随时向我社印务部调换。

BESTIARY

Animals in Art from the Ice Age to Our Age

The British Museum

目录

引言

张僧繇在寺庙墙上画的龙，没有眼睛，待在那里一动不动。但在大家的坚持要求下，他为其中的两条点上了眼睛，这两条龙随即腾空跃起，乘云而去。所以，他便没有再点其他的龙，保留着它们原来的样子。

这个故事或许和神兽以及它们的习性之间并没有太大的联系，而与这位传奇画家（活跃于约 490—540 年）的声名以及他那个时代的迷信和禁忌却不无关系。但它同时也反映出我们作为观赏者对艺术的诉求，不仅仅是在古代中国，甚至可以说，多少个世纪以来直到今天，依然如此。我们都希望这些艺术形象能像任何中国画作或陶瓷器那般生动鲜活、引人入胜，但同时它们必须是静止

景泰蓝龙纹大盖罐
明代，1426—1435 年
中国北京
金属、珐琅
高 62 cm，宽 55.9 cm

右图・左

公牛口鼻画

阿尔布雷希特・丢勒

(1471—1528)

约 1502—1504 年

德国

水彩、不透明颜料

高 19.7 cm，宽 15.8 cm

右图・右

爱神哈托尔雕像

埃及

青铜、金

高 19.5 cm，宽 3.4 cm

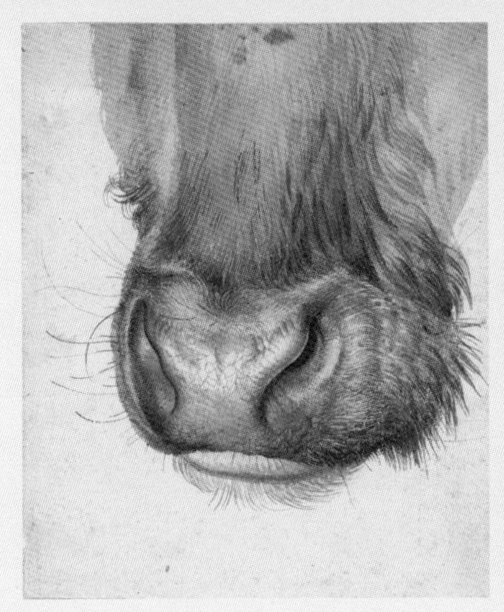

不动的、仰卧懒散的，甚至最好是根本没有生命的。它们的眼睛可能会放光，但一定什么都看不见。我们只有在逛博物馆陈列室或浏览书页时才会有足够的闲暇去细细品鉴，所以这种消极顺从的特质在这两者的艺术品身上表现得最为突出，而它最不可能存在的就是自然界中了。

最能有效安抚观赏者的艺术题材莫过于动物王国。本书收集了各种各样的动物，它们既有真实存在的，也有虚构想象的，它们都有血有肉，会撕咬、会愤怒、会奔跑。即便是对于那些已经被人类制服的野兽（至少是理论上），用图像把它们刻画出来去研究也会容易得多，丢勒（Dürer）描绘一头公牛口鼻的杰出画作就是一个例子。这幅水彩被用来做版画《亚当与夏娃》（*Adam and Eve*，详见第 140 页）的背景研究，但它对毛发和皮肉的处理手法要远比一般印刷品更加细腻精湛，所以这幅画本身就算得上是艺术品了。

虽然丢勒是一位久负盛名、颇有地位的艺术家，但这里选取的很多作品来自那些根本没有“艺术”这个概念的文化，至少它们的诞生并非是为了艺术本身。

威瑟姆盾
约公元前 400—前 300 年
英国威瑟姆
铜合金、珊瑚
长 109.22 cm，宽 34.5 cm

比如绝大多数古埃及的图像，都只是宗教仪式和宗教信仰的附属品。在第 77 页上的公牛模型和丢勒笔下的野兽一样安静，但它实际上是在墓地中被发现的，人们赋予它新生，用来服务好墓主人安恬的来世。这些陶俑形象散发着一种功利主义的气息，但还有很多埃及雕像制作精良、比例精巧，所以更易于我们将其当作“艺术品”来欣赏。但是，由于这些美学特质与它们的神圣意义实在密不可分，所以毋庸置疑的是，我们需要以一种完全不同于欣赏现代艺术品的方式去欣赏它们。牛头人身女神哈托尔也向我们传达了一些埃及人对自然的概念，在他们眼中人与神的世界相互交织，这是我们在世俗和城市生活中难以想象的。他们被哈托尔女神付出的母性、爱与美包围，当然，偶尔也会承受来自她女性的愤怒。

前现代社会并不像我们今天这样对“自然”和“超自然”的概念有着严格的区分，并且对动物精神和神性的崇敬方式也是多种多样的。混种生物作为人类与兽类的奇异结合，广泛地出现在各种文化当中，而它们的作用也各自迥异。比如右页左图铁器时代艾尔斯福德桶（Aylesford bucket）上的马，它们有膝和脚，看起来更像是人装扮成了马，而不是真的动物。这些舞动的形象可能代表着宗教仪式的一部分——萨满舞，也可能象征着一场以娱乐为目的的游行或表演。

某些动物身上这种可以为人感知到的精神力量在另一件铁器时代的物品上也有生动体现，它就是威瑟姆盾。它的表面依稀呈现出一头野猪的轮廓，这是由皮革或金属制的野猪形饰物留下的印记。塑造这种生猛凶悍的动物大概是为了让它来守卫挥舞着盾牌的将士。尽管威瑟姆盾上的野猪饰物如今已经遗失了，但我们仍能辨认出颇为风格化的牛或马的面孔，还有一些可能用来代表水禽的旋涡图案。能够把如此多的动物结合，或者说是隐藏到同一件盾牌中，这反映出在两千多年前的不列颠人眼中，大自然无处不在。

下图 · 左
艾尔斯福德桶
约公元前 75—前 25 年
发现于英国艾尔斯福德
木、铁、铜合金
高 34.5 cm，直径 29 cm

下图 · 右
下于茨酒壶
约公元前 420—前 360 年
发现于法国下于茨
铜合金、珊瑚、玻璃
高 39.6 cm

拉皮斯人之死
古希腊，约公元前 447—前 438 年
来自希腊雅典帕特农神殿南墙的第 28 块浮雕
大理石
高 134.5 cm，宽 134.5 cm

与盾牌装饰物的抽象形成鲜明对比的是下于茨酒壶（Basse-Yutz flagon）壶把上的狗，它们是受到希腊和伊特鲁里亚那些更具自然主义风格的创作形式的影响。还有壶嘴上那只匠心独运的鸭子，可见欧洲凯尔特民族的艺术家们极尽丰富的手法去表达他们与动物之间的关系。

“千股浑浊的溪流从四面八方涌入希腊之地，从此便在这里浩浩荡荡地汇成一条静穆、清透的河流，滋养着大地，和塞壬姐妹们在一起。”在英国作家诺曼 · 道格拉斯（Norman Douglas）的杰作《塞壬岛》（*Siren Land*）中，他富有想象力地描绘了希腊人是如何将近东神话中的食人海妖塞壬变成了令人着迷的歌者（第 216—219 页），尽管它们可能仍旧算不上是美德的典范。同样的过程也发生在了半人马身上，它由希腊人在遇到斯基泰骑兵后受到启发而塑造，但最初应该是由古巴比伦人首先想象出来的。黄道十二宫这个词是希腊语中“动物园”的意思，但它是古巴比伦人的创造，任何人只要去查十二宫图就会知道，天空中的人马座代表的就是半人马。在雅典帕特农神庙的雕刻家手上，半人马成了将人体构造嫁接到高大种马身上的样板，随后罗马人也采用了这种形象。

然而，尽管它有着古典唯美主义的色彩，但是作为混种生物，半人马还兼具着模棱两可的道德身份。因为人们有时会将人马座和另一个星座半人马座等同于贤者喀戎（Chiron），也就是希腊英雄阿喀琉斯（Achilles）的老师，所以帕特农神殿里的这些半人马会招致其他文化的竞争，比如“野蛮的”波斯人，他们就曾毁坏过雅典卫城的一座早期神殿。在罗马石棺上，尽管象征着来世，半人马还是经常出现在醉饮狂欢的场合中，一旁陪同的是长着山羊腰、山羊腿和山羊角的牧神潘（Pan），以及半人半羊的随从萨堤尔。在所有主要的希腊和罗马诸神之中，潘神是和丰收、打猎，以及田园生活息息相关的，只有它被赋予了动物的特质。除此之外，古典众神大多都是被赋予人形的，就像是

石棺浮雕
酒神巴克斯和阿里阿德涅的婚礼队伍
古罗马，2 世纪
制作于意大利罗马
大理石
高 53.5 cm，宽 219.5 cm

有意强调动物在这个神圣的世界里扮演着次要角色一样。

有意思的是，我们今天正在经历的人与自然的分离从这些古典文明中就可以初见端倪，这一分离的过程还受到了很多其他因素的催化，从犹太教和基督教中上帝观念的传播，到城市生活的胜利，以及最终的工业化进程。在西方文化中，动物在作为经济商品、奇珍异兽和人类伙伴等方面的重要性始终不减，但它们已不再受到崇敬，甚至得不到足够的尊重。

但并非全世界都是如此。其他文化中塑造的形象则向我们讲述了截然不同却同样复杂的故事，比如 19 世纪的青铜尊像欢喜天（第 211 页），它是日本的财神，起源于印度教中的象头神伽内什，象征着财富成功。如果说本书中收集的这些器物能够向大家证明什么的话，那就是我们不可能对任何特定时期或特定文化去做过于大胆的概括。当我们得知罗马人镇宅用的宗座铃（tintinnabula）竟是装上双翼的狮子阴茎，且它曾像铃铛一样在风中叮当作响时，又如何能断然地去推崇古典时代的理性人道主义？不仅如此，古埃及的一幅纸莎草画也颇为讽刺，在画中一只羚羊在玩棋盘游戏，另一只在和一头狮子进行交配，还有各种各样的动物都在做着与人类相似而与它们的本性背道而驰的行为。很显然，这幅纸莎草画主要传达的也并非是虔诚之意。

带有讽刺插图的纸莎草画
约公元前 1250— 前 1150 年
埃及底比斯的德尔麦迪那
纸莎草画
高 13 cm，宽 59 cm

整本书对动物的描写，反映了随着时间的推移，世界各地人与自然关系发展的基本脉络。然而，正如我们的主题所展示的，来自截然不同的文化与时期的形象之间潜藏着非同一般的关联，不同的文明之间又有着十分显著的差异。这些主题的类比和并列展示令人惊奇而又印象深刻：一条阿兹特克响尾蛇与一条贝宁蟒蛇（第 60—61 页）；一座皮克特的公牛雕刻和一只南非科萨人制作的公牛形状的鼻烟壶（第 178—179 页）；又或者是一只奢华的海怪模样的法国玻璃水壶和一幅来自佛兰德斯的政治版画《大鱼吃小鱼》（第 244—245 页）。有些物件可能会欣然出现在不止一个章节，由此可见它们的意象和语境之丰富了。阅读这本书最好的方法之一就是偶尔跳出它的结构去建立新的联系，并佐证已知的联系。

这一系列唤起记忆的文物一定会激发每个人的情感共鸣。对动物的着迷甚至是喜爱是我们绝大部分人在孩提时都曾经历过的情感，这种情感在很多人身上一直延续到了成年，以我们并不总能理解的方式激发着我们的想象。我希望，至少对这本书的一部分读者来说，你们心中的龙也可以苏醒萌动，腾空而起，就像 1 500 年前它们在张僧繇点睛之后所发生的那样。毕竟，或许这难道不就是我们想从艺术中得到的吗?

第一章

野生动物

人类在表现动物和自然界时，通常会把他们的所见进行转化。17 世纪的日本画家在对谈山神社（Tanzan Shrine）的描绘中，勾勒出一幅金叶环抱野鹅的景象，似是要将自然界的充盈用另一种形式的丰富表现出来（第 52—53 页）。不过，虽然这些画作极尽夸张的手法，但对动物本身的刻画还是真实可感、入木三分的，你几乎可以听到它们的嘎嘎叫声，又或是可以感受到令画中熟睡的动物蜷缩的那份寒冷。

共情的能力在创作这样的画作时不可或缺，它是复杂的城市生活的产物，因为在城市生活里，艺术家和他所要描绘的对象之间很可能并无什么实质的接触与关联。这和让一位冰河时期的捕猎者去创作挣扎在生死一线上的猎物是完全不同的体验！刻在骨头上的马（第 18 页）和日本画家笔下的鹅是一样地生动形象，但两者的功能和创作背景却是截然不同的。

令人瞩目的是，尽管人与动物的实体关系已然发生了翻天覆地的变化，但在不同时期、不同文化的艺术品中，对动物的刻画却是个永恒不变的主题。在农业发展很久之后，那些定居落户的族群对狩猎的热情依然不减，从亚述浮雕中对屠狮场景的描绘就可见一斑（第 26—27 页）。事实上，在亚述帝国狩猎已经成为一种贵族活动，兼具运动和仪式的双重作用，确认和巩固了国王的宗教和政治地位。

这些图像通常会用一些完全异化的东西来表现野兽。但在艺术创作中，动物常常被赋予拟人化的特质。比如毕翠克丝·波特（Beatrix Potter）在自己的故事创作中就对一群小兔子倾注了如同对待宠物般的情感，这便模糊了野生动物与家养动物之间的界限（第 44 页）。更令人印象深刻的是很多族群对于猴子的描画，该类作品着力探寻了人类同自然界“近亲”之间的种种联系（第 40—43 页）。这些足以证明，对野生动物的描绘可以以各种各样的方式带给我们对自身灵魂与精神的深刻洞见。

绘有皇家猎狮场景的亚述浮雕

见第 26—27 页

为生存而打猎

打猎是人类最古老的职业，起初它是食物的基本来源，而并非社会精英阶层的休闲娱乐活动。如今的马已经很大程度上成了驯养动物，但在 12 500 年前，它们还是以庞大野生兽群的形式存在的，是作为狩猎者的猎物而非附属品。这块肋骨上雕刻的是长着尖刺般鬃毛的克雷斯韦尔马（Cresswell Horse），它有着瘦而结实的轮廓，但明显已经被垂直的杆子或长矛刺穿而濒临死亡。

刻有马形图案的肋骨

英国已知的最古老的艺术品，发现于克雷斯韦尔绝壁的罗宾汉洞穴

骨

长 7.3 cm

带钩端的猛犸象形投矛器
约 13 000 年前
发现于法国蒙塔斯特吕克
驯鹿鹿角
长 12.4 cm

和克雷斯韦尔马不同，这件投矛器代表了一种已经灭绝的动物：一头有獠牙和象鼻的猛犸象。它是用驯鹿的鹿角做成的，上面有一个孔眼，里面可能曾经镶嵌着石头或者骨骼。虽然并非十分完好，但这件手工艺品已经是冰河时代文化遗留下来的非凡幸存者了。

上图的作品生动地雕刻出了一头驯鹿在游泳的画面，这可能是一次打猎的小片段。毫无疑问，在史前欧洲，动物是食物和毛皮的一个重要来源，所以这个画面代表的可能是人类想要征服这种生物所做的一次尝试。

右页下方的鹿角雕刻给人的印象和上面那件类似，但它实际上是一件相对现代的作品，很可能是拿到市场上去卖给游客的。在斯堪的纳维亚半岛北部，驯鹿是半驯养的，由萨米族人放牧长达几个世纪，但这件作品还是满足了外界对北极生活狂野性的想象。

上图

游泳的驯鹿

至少 13 000 年前

发现于法国蒙塔斯特吕克

猛犸象象牙

长 22 cm

右页图

刻有图案的驯鹿鹿角（可能由北欧萨米族人雕刻）

20 世纪早期

北欧（挪威、瑞典或芬兰）

驯鹿鹿角

长 46.8 cm

黑脚族人来自位于美国北部和加拿大的干旱大草原，18 世纪时他们开始从欧洲人手里获得火器和马匹。这幅图展示的就是一位黑脚印第安人，这从他的裹腿就可以看出来。他骑着马，但手里拿着传统武器在追捕一头北美野牛。这种生活方式在 19 世纪末随着东部的移民侵入美洲土著印第安人的领地而走向终结。

捕鲸一直是太平洋东北海岸原住民族群文化身份的重要象征，虽然现在只有居住在美国华盛顿州的马考族人有时还会去猎鲸。这顶雪松树皮制成的帽子，是温哥华岛西海岸的一位努特卡人制作的，它生动地表现了人们在独木舟上用鱼叉捕鲸时的兴奋。相传是神话中的雷鸟教会了这些族人的祖先如何捕鲸，他们对雷鸟身上的勇气和耐力深感崇敬。

下图

狩猎野牛

约 1890 年

北美

水彩

高 24.8 cm，宽 37.7 cm

右页图

捕鲸人的帽子

制作者：努特卡人塞西莉亚·萨维（Cecilia Savey）

1981 年

加拿大温哥华岛

云杉树根、雪松树皮纤维

高 27 cm，直径 28 cm

作为仪式和运动的打猎

会计工作从未看起来这么有趣！这幅内巴蒙（Nebamun）壁画展示的是一位古埃及神庙里负责记录谷物收成的书吏正大步向尼罗河旁的沼泽地走去，周围可以看到很多鱼和一只孤零零的野猫。当鸭子们和其他家禽从他前面飞起时，他用一只手就抓住了其中三只。这幅墓室壁画蕴含着重生的宗教象征意味，同时也展示了所谓“人类成功统治自然界的胜利形象”。

之前的壁画和这尊在埃伊纳岛上发现的男性神像形成了对比，这尊神像较多地受到地中海东部地区的影响，从而更具僧侣气息。这里的莲花和人物脚下的小船造型也都暗示了这是水上的情景。两边弯曲的形状代表的可能是公牛头上的角，牛角和两只被捕获的鹅都象征了自然之力，而神正是从自然的手中获取了力量。

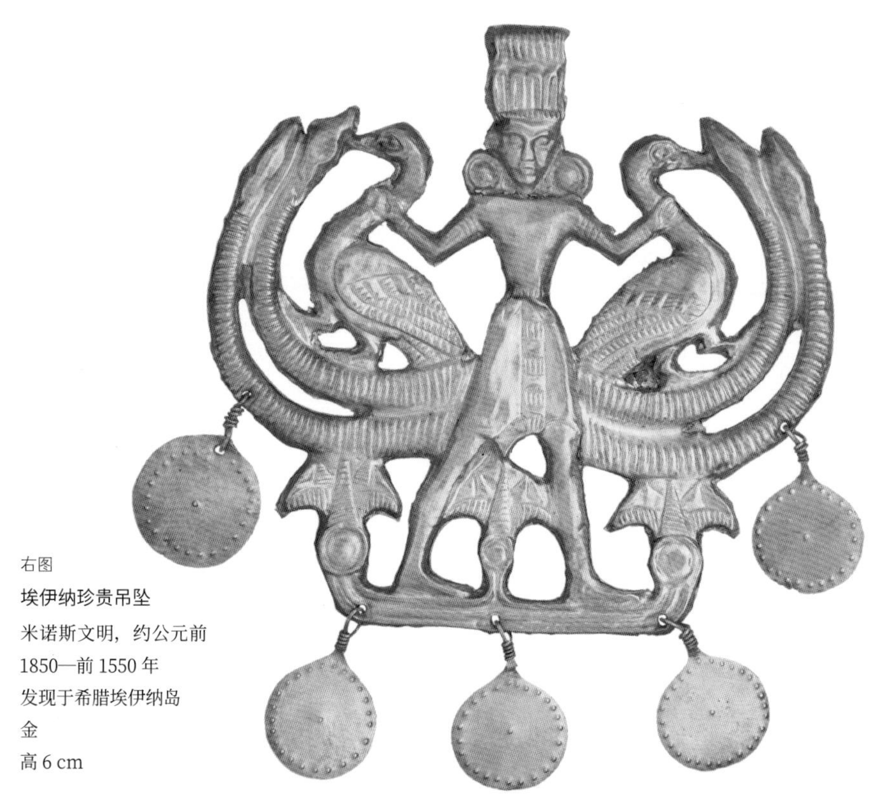

右图

埃伊纳珍贵吊坠

米诺斯文明，约公元前1850—前1550年

发现于希腊埃伊纳岛

金

高6 cm

右页图

内巴蒙捕禽图

古埃及第十八王朝，约公元前1350年

埃及底比斯

石膏彩绘

高98 cm，宽115 cm

这幅在尼尼微城亚述巴尼拔王宫中发现的猎狮浮雕是众多亚述雕像里最引人注目的。那些受伤的、死亡的或垂死的动物在浮雕的表面呼之欲出，就像可以动起来一样，这种形式打破了这一时期太多雕塑千篇一律的平面感。捕猎者和猎物的身体构造与姿势有力地表现了这种王室娱乐形式，同时可能还会进行相应的宗教仪式来强化国王的权威。

这幅作品局部图中有一个细节尤其值得注意。这群凶猛的野兽并不是在开阔的平原上被追捕，而是被小男孩从笼子里放到了围场。从这些狮子的反应中就可以清晰地看出，它们虽然被捕获，却没有被驯服。

左页图及本页图

绘有皇家猎狮场景的亚述浮雕

约公元前 645—前 635 年

伊拉克尼尼微皇宫北宫

石膏

左页图

高 160 cm，宽 109.2 cm

右图・上

高 162.6 cm，宽 172.2 cm

右图・中

高 157.5 cm，宽 127 cm

右图・下

约高 165.1 cm，宽 121.9 cm

在西非的贝宁王国，猎杀豹子是宫廷仪式的一部分。下图的牌匾上刻画了一个手抓死去动物的威风凛凛的首领形象，约鲁巴语中称他为“奥巴”（Oba，意为“国王”）。他的腰带上挂着两条泥鱼，这不禁让人联想起海洋与财富之神奥洛昆（Olokun）。

右页的埃及帐篷帘上，狮子们的形象生气勃勃，但它们都被拴在了一棵树上。狮子有着显著的人脸特征，或许是被视作了保护者的角色。这种图案在新婚宝箱或者门廊上边都很常见，有时图案上的狮子手里还会拿着宝剑。而这里的华盖应该是在宗教仪式和节日中使用的，它的上方写着这样一行字：“唯有上帝才会胜利！”

左图

绘有国王手举猎豹的贝宁牌匾

约1500—1600年

尼日利亚贝宁城

黄铜

高43.5 cm，宽41 cm

右页图

贴花帐篷帘

20世纪中期

埃及

帆布、棉布

高260 cm，宽170 cm

وما النصر الا من عند الله
اهلا
وسهلا
ومرحبا

右页的陶制品来自南美洲前哥伦布时期的莫切文明，它刻画的这只动物对社会的宗教生活来说至关重要。在莫切文化中，猎鹿是和活人献祭密不可分的一种仪式，而在其他文化中，它则是一种带有神学意义的宫廷消遣。

上面这只盘子代表的是强大的伊朗统治者沙普尔二世，他带领波斯萨珊王朝开疆拓土，生动诠释了琐罗亚斯德教信条中十分重要的一点：善与恶、秩序与混乱的较量至上。捕猎者骑在猎物身上挥砍宝剑，双方的挣扎抗争正体现了上面的观念。

左页图

刻有沙普尔二世打猎的圆盘

波斯萨珊王朝，4 世纪

发现于土耳其

银、金

直径 17.9 cm

右图

坐姿鹿形马镫嘴花瓶

莫切文明，公元前 100—公元 700 年

秘鲁特鲁希略

陶

高 23 cm，宽 13 cm

狩猎也常常带有浪漫的色彩。英国女王伊丽莎白一世和她的追求者罗伯特·达德利（莱斯特伯爵）都热衷于打猎，并将刻有他们各自盾徽的银片安在了这把饰有狩猎场景的中世纪西特琴上。琴上的狩猎场景似乎很温和，而作为吉他雏形的古乐器，西特琴本身就是优雅和庄严的代名词。不过，追逐猎物是权力的象征：在都铎王朝时期，这项活动是君王和贵族专属的活动，如果平民狩猎，则会受到死刑处罚。

上图（右页下方为细节放大图）

西特琴

约 1280—1330 年

制作于英国

木、银、金

长 61 cm

鹰猎是贵族化的狩猎活动，它需要大量的专业训练和高超的技巧。在这幅中国绘画中，养隼者和游隼相互注视着对方，仿佛这关乎他们彼此的生命。而画面中马鞍下搭着虎皮的骏马，正在静静地等着主人。我们可以看到马的主人一只手拿着马鞭，放在身后。画面中的事物，包括地上的草，都处理得非常简洁，这正体现了这幅作品的收藏价值，在作品上我们可以看到很多收藏者的印章。

隼马图

陈居中（活跃于1201—1230）

1200—1300年

中国

绢本设色

高24.8 cm，宽26.3 cm

下图·左

绘有养隼者怀抱女乐者的彩砖

约1850年

伊朗德黑兰

陶

长24.8 cm，宽16.6 cm

下图·右

贾汉吉尔与随从举鹰图

1615年（贾汉吉尔像），

1625年（随从像）

印度

纸本，墨、不透明水彩、金

高20.1 cm，宽13.3 cm

在来自伊朗恺加王朝时期的彩砖上，养隼者怀抱着一名弹奏乐器的女子，给鹰猎这项运动平添了几分浪漫主义色彩。印度莫卧儿帝国皇帝贾汉吉尔则背对着他的随从。虽然作品中的随从像是原作完成10年后加上去的，两位人物的风格却十分一致，不仅他们的动作，连他们衣服的色彩（都用墨、水彩和金绘制而成）都很统一。

捕猎野猪曾受到各个社会上层人物的钟爱，18世纪末的印度也不例外。正如我们在这幅水粉画作品中所看到的，猎人们通常都能在较量中取胜，但猎取的过程往往伴随着一丝危险的气息，这使得捕猎拥有了某种特别的魅力。

在希腊神话中，卡吕冬野猪尤为凶猛，不过它最后被神话英雄人物墨勒阿革洛斯杀死。而最先射伤这只巨大野猪的是著名的女猎手阿塔兰忒，所以墨勒阿革洛斯和阿塔兰忒一起分享了这件战利品。这块女士用的小镜子背面华美的利摩日珐琅上就呈现了墨勒阿革洛斯英勇的身姿。不过不幸的是，由于墨勒阿革洛斯把剥下的野猪皮送给了一个女人，这激怒了他的两个舅舅，他们之间发生了激烈的冲突，最后墨勒阿革洛斯和两个舅舅都在冲突中死去。

上图

捕猎野猪

约 1755 年

印度

纸本水粉画

高 31.8 cm，宽 53.6 cm

上图

彩绘利摩日珐琅镜

（传）吉恩·吉伯特（Jean Guibert）

约 1600 年

制作于法国利摩日

金、珐琅、铜

长 9.25 cm，宽 7 cm（镜框内尺寸）

左页图

刻有“Tally Ho”（狩猎时的吆喝声，向猎狗传达发现狐狸的讯息）字样的狐狸头马镫杯

约 1810—1820 年

英国德比市德比瓷器厂

骨瓷

高 12.9 cm，宽 11.8 cm

下图

带红色图案的狐狸头角状陶杯

古希腊，约公元前 340—前 315 年

制作于意大利阿普利亚

陶

高 17.75 cm

当英国的猎人跨上马鞍，蹬上马镫时，人们会把左页这种狐狸形状的瓷杯递给他们，用以在临行前鼓舞士气。因为杯子不是用来放在桌子上的，所以杯底并不平坦，而是使用动物（通常是狗）或者直接采用猎物（正如本例一样）的头部造型。这种马镫杯和古希腊时期的角状杯很像，而且角状杯的设计也是用来拿在手里痛快喝酒的，而非用于静置在桌上。角状杯会使用不同动物（包括野生动物、想象的动物和家养的动物）的头部造型，这里我们看到的藏品也是使用的狐狸头造型。

类人动物

日本有句谚语道："猴子只比人少三根毛发。"他们还认为猴子是诸神的信使。在这幅作品中，两只猴子正在认真地看着一株蓝莓，它们神情生动，并且彼此有着高度互动。在动物主题的艺术品中，拟人化的手法十分常见，而这两只猴子的人格化特征却真真切切是现实的写照。

在墨西哥湾古瓦斯特克神话中，猴子起源于人类出现之前的创世时代。显然，这位雕塑家看到了猴子与在它们之后出现的人类存在很多相似之处。古瓦斯特克人还认为猴子尤其代表了性的自由，而且具有强大的繁殖能力，后者可能是这座猴雕之所以选择偏绿色材质的原因。

右页图

猴子蹲坐形器皿

约 900—1521 年

墨西哥

缟玛瑙、铁

高 23.5 cm

右图

双猿图

森狙仙（Mori Sosen，1747—1821）

约 1800 年

日本大阪

立轴，绢本设色

高 105.7 cm，宽 38.5 cm

左页图

狒狒神像

古埃及第十八王朝，阿蒙霍特普三世在位期间，约公元前 1370 年

埃及

石英岩

高 68.5 cm，宽 38.5 cm

下图

坐姿吃水果的狒狒（猴子）形秤砣

1700—2000 年

加纳阿肯族

黄铜

高 3.2 cm，宽 1.5 cm

狒狒会在日出的时候发出尖叫声，因此在埃及神话中，它们和太阳神有着密切关联。不过，人们认为这座狒狒雕像代表的是埃及智慧神托特和赐予生命的尼罗河河神哈比。虽然代表着神明，这座雕像却带有明显的人类特征，尤其是它沉思的神态。它以安静的姿态正朝前方——这是埃及雕塑作品的典型特点，而且面部特征的刻画细致入微。它所使用的材质是暖色调的石英岩，这也是古埃及法老阿蒙霍特普三世（名字刻在雕像底座）所钟爱的材质。

来自加纳的这座阿肯族雕像和古埃及的狒狒雕像有所不同，这只狒狒（或者其他猴类动物）表现出活跃的动态行为，它双手捧着食物（可能是水果），正在大快朵颐。称金子的秤砣一定要很精准，因为这对阿肯族的经济是至关重要的，不过这并不影响能工巧匠们制作出鲜活而有特色的秤砣。而在这件作品里，工匠们选择狒狒作为装饰造型也是非常适合的，因为有句和猴子有关的谚语是这样说的：“若你能让我脸颊鼓起（吃饱东西），我就把真相告诉你。”

左图

《弗洛普西家的小兔子们》插图

毕翠克丝·波特（1866—1943）

1909 年

英国

水彩

高 9.5 cm，宽 10 cm

右页图

乌鸦在动物大会上演讲

插图手稿中的单页插画；裱在相框内的单页画

（传）米什金（Miskin）

约 1590 年

印度

纸本，墨、不透明水彩

高 26.9 cm，宽 19.3 cm

一群动物聚集在一起的时候，它们会讨论什么呢？还有比讨论人类给它们带来的伤害更合适的吗？也许，这就是这幅莫卧儿时期水彩作品的主题吧！这幅作品被认为呈现了 16 世纪奥斯曼诗人拉米伊·切莱比（Lâmiî Çelebi）的作品《论人类的优越性》（*Şerefü'l-Insan*）中的情节。作品中，一只乌鸦正在山之巅上向一群动物诉说着什么，这些动物有鱼、猫头鹰、仙鹤、鸭子、狮子、老虎、一只微笑的猎豹和其他想象的动物。

野生动物的人格化特征在英国童话作家毕翠克丝·波特（彼得兔系列的作者）的儿童读物中登峰造极。1909 年，她在同名故事中创造了“弗洛普西家的小兔子们”，这些可爱的兔子们是小兔本杰明的孩子，它们因为吃了“能催眠”的莴苣，而在睡着后被人抓走了。童书里的小兔本杰明其实是波特自己宠物的名字，她用自己宠物的名字来给故事里兔子命名的做法也模糊了家养动物和野生动物之间的界限。

在这幅英国版画中，版画家把政客的头换成了动物的头：法国政治家朱尔（波利尼亚克亲王）变成了一只青蛙（青蛙是英国人给法国人起的绰号），他的政治竞争对手威灵顿公爵则化身为一头强大、勇敢的公牛。

青蛙与公牛
约翰·多伊尔（John Doyle，1797—1868）
1829 年
英国
石版画
高 29.2 cm，宽 41.7 cm

同时期的这幅自然历史博物馆珍品展厅展出的漫画也制造了相同的效果，它对当时法国政客的形象极尽嘲讽。漫画中的政客们都被标注了带嘲讽意味的拉丁名称，虽然这些人物如今不再家喻户晓，但各种动物，包括蛇、海豹、蝙蝠等的身体形象和道德寓意仍旧一目了然。

自然史珍品展（《漫画周刊》）
尤金 · 福雷斯特（Eugène Forest，1808—1891）
和 J.J. 格朗维尔（J.J. Grandville，1803—1847）
1833 年
法国
手工上色石版画
高 26.6 cm，宽 45.7 cm

观察自然

老普利尼在《博物史》中提到了一件描绘鸽子喝水的希腊马赛克作品，这件作品栩栩如生，其他的鸟儿看到上面的鸽子甚至会直直地撞上去。老普利尼把这个场景描述得十分生动可信，以至于18世纪微型马赛克艺术家贾科莫·拉菲利按照哈德良别墅中的罗马版本（原希腊原型已失传）重新创作了一幅类似的想象作品。

右页这件典雅的罗马作品绘满了海洋生物的样本，完美展现了古典马赛克作品中自然主义达到的高度。这里的鱼类和其他海洋生物都是可食用的，因此它可能是用于装饰餐厅的图案。

左图

普利尼鸽子微型马赛克

1779年

制作于贾科莫·拉菲利（Giacomo Raffaelli）工作室

意大利罗马

玻璃、铜

直径5.6 cm

右页图

绘有可食用鱼类的马赛克地板

古罗马，约100年

据说来自意大利波普洛尼亚

石

高88.9 cm，宽104.1 cm

这枚象牙雕成的鹰爪日本根付是别在和服腰带上的扣件。它细致准确地描绘出鹰爪上的花纹，很像同时期插画的细腻笔法。它的自然逼真和右页绘有乌鸦和白鹭交织装饰图案的文件盒形成了鲜明的对比。文件盒上的图案很抽象，我们需要仔细看才能辨认出上面的两种动物。漆和珍珠母的材质也为这只文件盒增添了工艺的饱满度。

鹰爪根付
落款为“正直”
18 世纪晚期
日本京都
象牙
宽 5.9 cm

绘有乌鸦和白鹭交织图案的带盖文件盒

19 世纪

日本

木、珍珠母、漆

高 6.2 cm，宽 30.5 cm，厚 24.3 cm

这些绘画作品是日本奈良附近谈山神社内移门上的装饰，它们体现了自然写实和精湛工艺的完美结合。左边位置，明亮的风景令人向往，三只栩栩如生的野鹅姿态各异。整套绘画富有诗意并略带哀伤的气氛，画面的构图反映出绘画者对自然的精确观察和感悟。作品中风景的细微差异暗示了季节的流转，鸻、野鸭和野鹅姿态各异，形象逼真，或站立，或水中游弋，或飞翔于天。

秋冬花鸟图

17 世纪早期

日本

四扇移门嵌板，墨彩金银纸本

高 173.5 cm，宽 141 cm（每张嵌板）

在东亚文化中，鹿往往被认为是神圣的，它们常常在佛寺周围的公园里悠闲漫步。这些作品中体现了这种对鹿的尊敬，不过因为它们都是为了出口而制作的，因此主要展示的还是亚洲漆匠们闻名遐迩的精湛技艺。两件作品都用细致的手法呈现了动物和它们周围的环境，其中日本的这件作品对动物的刻画格外自然和富有表现力。

下图

绘有花草、人物和动物等图案的箱子

17 世纪早期

日本

木、漆、珍珠母、金、银铰链

高 21 cm，宽 34 cm，厚 25.5 cm

右页图

绘有小鹿的漆画

20 世纪早期

朝鲜

珍珠母、漆、木

高 25.8 cm，宽 18.8 cm

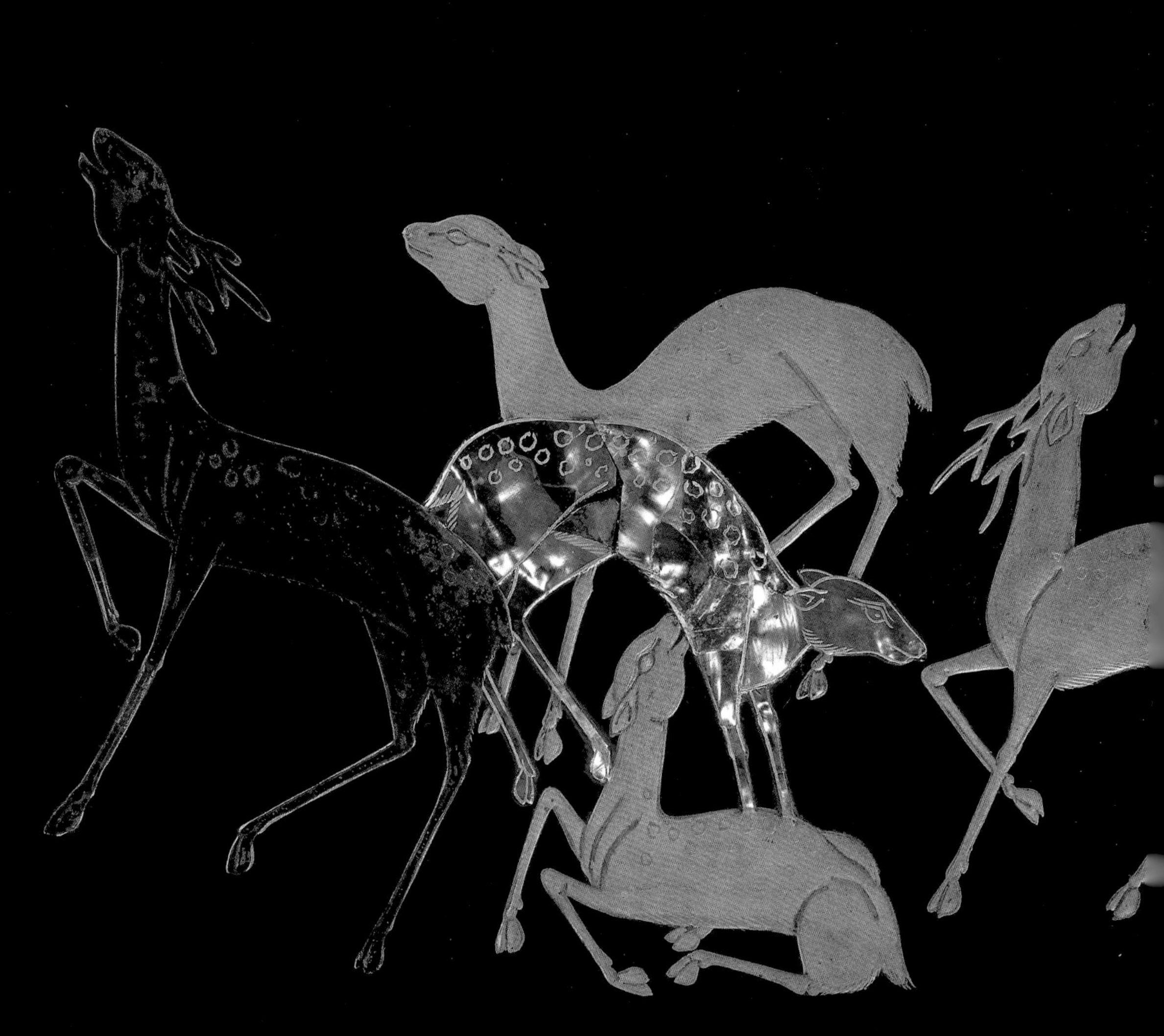

左页图

砚箱内盖

本阿弥光悦（Hon'ami Koetsu，1558—1638）风格

17 世纪

日本

木、漆、珍珠母、金

高 4.5 cm，宽 23.5 cm，深 21 cm

下图

鹿

埃德温·兰西尔（1802—1873）

约 1857 年

英国

钢笔、褐色墨水

高 17.8 cm，宽 21.9 cm

这件黑漆背景的作品是日本砚箱内盖的装饰，它的主题是秋日鹿之哀鸣。这件奢华的私人物品使用了珍珠母，在黑色背景的衬托下，珍珠母材质的小鹿形象十分鲜明，构成了闪耀的动态画面。埃德温·兰西尔爵士（Edwin Landseer）的绘画作品则显得静态得多，它着重刻画的是雄鹿高贵的姿态和神情，而对鹿的这种感性描绘正是他许多不朽油画作品的著名特征。

右页来自希腊埃伊纳岛的银币用细腻精湛的高浮雕工艺呈现出一个栩栩如生的乌龟形象。印度的这枚水龟玉雕则更是令人惊叹。众所周知，玉石是硬度高、极其考验技艺的材质，而这枚玉雕却雕刻得如此精确、逼真，能让人很容易看出这是一只当地品种的雌性水龟。它可能是为了给印度皇帝贾汉吉尔装饰阿拉哈巴德城堡的宫殿而制作的，而贾汉吉尔本人也是一名业余的博物学家。

水龟雕像

17 世纪早期

发现于印度阿拉哈巴德

玉（软玉）

高 20 cm，宽 32 cm，长 48.5 cm

乌龟浮雕银币

公元前 480—前 431 年

铸造于希腊埃伊纳岛

直径 2.2 cm

上图这件完整的响尾蛇雕像由一名阿兹特克雕刻家制作。它的很多特征都来自雕刻家的准确观察，例如：蛇的毒牙和分叉的舌头，还有蛇身上的热感应器和活动的气管。而涂料的痕迹表明，气管原来是涂成红色的。相比之下，右页尼日利亚的这枚蛇头雕像对蛇特征的处理就比较程式化，甚至说是简化，不过我们仍然能看出来这是一只大蟒蛇的头部。

在阿兹特克雕塑中，写实手法往往和象征手法相结合。比如，这只响尾蛇尾部的角质环被分成了 13 个部分，而 13 这个数字在阿兹特克文化中具有重要的仪式意义。毫无疑问，这件作品代表了阿兹特克人对宇宙和地球神圣秩序的理解。

左页图

盘起的响尾蛇雕像

阿兹特克文明，约 1325—1521 年

墨西哥

花岗岩

高 36 cm，直径 53 cm

上图

铸铜蛇头像

约 1700—1800 年

尼日利亚贝宁城

黄铜

高 15 cm，宽 29.5 cm

啮齿类动物并不是最受人们喜欢的动物，然而这些来自日本、埃及，以及前哥伦布时期秘鲁莫切文明的作品展现了制作者对它们的用心观察和精工细作。人们选择这类物种进行相应创作的寓意尚不明了，但我们或许可以从古埃及的跳鼠雕像中略窥一二。这只跳鼠是同一些意义更为重大的墓葬绘画一起发现的，因此它可能是为了反映画中所描绘的沙漠环境。

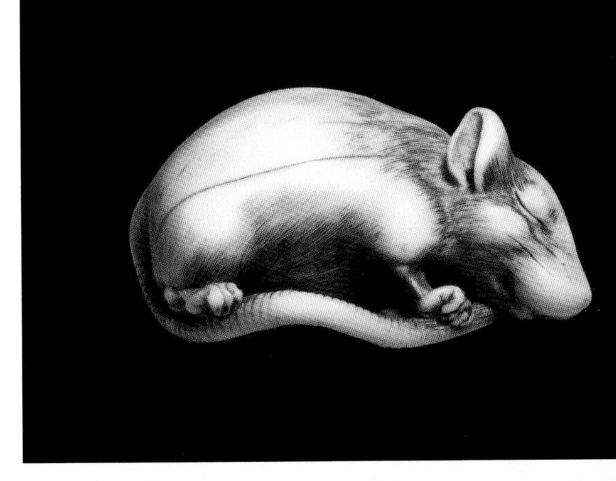

左页图

老鼠形状的马镫嘴瓶

莫切文明，公元前 100—公元 700 年

秘鲁特鲁希略

陶

高 22 cm，宽 10 cm

右图・上

老鼠卧眠根付

落款为“正直”

18 世纪晚期

日本京都

象牙

宽 5.7 cm

右图・下

跳鼠模型

古埃及第十三王朝，约公元前 1850—前 1650 年

埃及马塔利亚

釉面

高 4.4 cm，宽 2.8 cm

左图及下图

麋鹿（下图，正面）

欧洲野牛（左图，反面）

阿尔布雷希特 · 丢勒（1471—1528）

约 1501—1504 年

德国

钢笔、黑色墨水、水彩（正面）

钢笔、黑色墨水（反面）

高 21.3 cm，宽 26 cm

野公牛

托马斯 · 比威克（1753—1828）
约 1789—1816 年
英国
木版画，凸版印刷
高 13.9 cm，宽 19.4 cm

丢勒对动物毛发和其他纹理有精湛的描绘技巧，不过在他的这幅水彩画中，正面的麋鹿并没有反面的野牛那样精神抖擞。这是因为麋鹿的原型可能是动物标本，而野牛的原型可能是神圣罗马帝国皇帝马克西米利安在 1501 年访问纽伦堡时获赠的五只野牛之一。

托马斯 · 比威克（Thomas Bewick）笔下著名的牛群今天仍然在诺森伯兰郡的切宁纳姆庄园里畅游。虽然这些牛群现在是野生动物，但他们的祖先可能并不是远古时期的野生牛，而是古代的家养牛。不管它们的祖先是家畜还是野生动物，比威克所描绘的这些牛群都具有一种堪称典范的高贵神态。

第二章

驯养动物

人类与自然界的联系主要是对大自然的开发和利用。在战事中，动物被用作运输工具，并作为衣服、奶，尤其是食用肉的来源。动物的这些用途具有重要的经济价值，因此在许多文物上，甚至在一些最奢华的背景和材料上，能看到驯养动物的形象就不足为奇了。

描绘战争和皇家宴会的乌尔军旗
见第 80 页

人类对待动物的残忍并不总是被诚实地描绘出来。不过，伦勃朗（Rembrandt）在他的蚀刻版画中坦诚地刻画了猪的悲惨命运——猪脚被捆绑起来，等待着被人们用斧头宰杀（第 70 页）。其他的画作则展现了人与动物之间更加友好的关系。犬类的驯养可以追溯到史前时期，但是直到古罗马时期的雕塑家雕刻汤利灰狗（Townley Greyhounds）像时，狩猎仍然是一项上层人士的活动，狩猎的帮手也都是一些易于识别的犬种（第 90—91 页）。雕像中的两只灰狗温柔地相互照料，既体现了狗与狗之间的感情，也表达了人类对狗的同情。

各个时期的艺术作品中都不乏对人和家养动物之间亲密关系的描绘，这些作品也不仅仅局限于将动物塑造成“人类最好的朋友”。从约翰·坦尼尔爵士（Sir John Tenniel）到科内利斯·维斯切尔（Cornelis Visscher），众多艺术家在刻画猫时，往往更注重猫的攻击性和更强硬的一面，然而塞缪尔·豪伊特（Samuel Howitt）却在其作品中表达了人类对猫的柔情。古埃及人对猫格外重视，创作出的与猫相关的手工艺品具有鲜明的文化特征（第 98 页）。也许，只有能做出木乃伊猫的古埃及文明才能创作出如此神圣的猫形象。

动物在许多社会中被当作祭品，就像帕特农神庙的小母牛雕塑（第 102 页）那样。从古至今最常出现的献祭主题之一是人对公牛的祭宰，因为公牛似乎被广泛视作典型的黑暗象征。公牛被戳刺、宰杀，甚至跳过。尽管欧洲原牛早在一万年前就被人类驯化，公牛在艺术和更宽泛的文化领域内，仍然代表着驯养和野生的分水岭，而人类也正是跨越了这道界限进化发展而来。

家畜和役畜

驯养动物的目的有很多，屠宰和食用是其中很重要的方面。在伦勃朗的版画中，我们能看到背景处屠夫拿着一把斧子，观看屠宰的一名儿童手里拿着猪的膀胱，而被捆着脚的猪则等待着死亡的到来。

猪

伦勃朗（1606—1669）
1643 年
荷兰
蚀刻、干刻铜版画
高 14.5 cm，宽 18.5 cm

猪风琴
佚名
约 1800—1810 年
英国
蚀刻版画
高 20.2 cm，宽 26 cm

下面这幅蚀刻版画《猪风琴》则与伦勃朗的写实主义作品截然不同。这幅作品荒诞不经，与其说是描绘了人类如何对待动物，更像是对人类精神状态的讽刺。然而有趣的是，在 19 世纪甚至更早的时候，表演艺人们的确把不同大小的动物放在一起，刺激它们发出高高低低的尖叫声，宛如一架架“风琴”。在乐器的背部可以看到刺激方法：牵拉猪的尾巴。从它们的表情来判断，被当作“风琴”是一件挺痛苦的事。

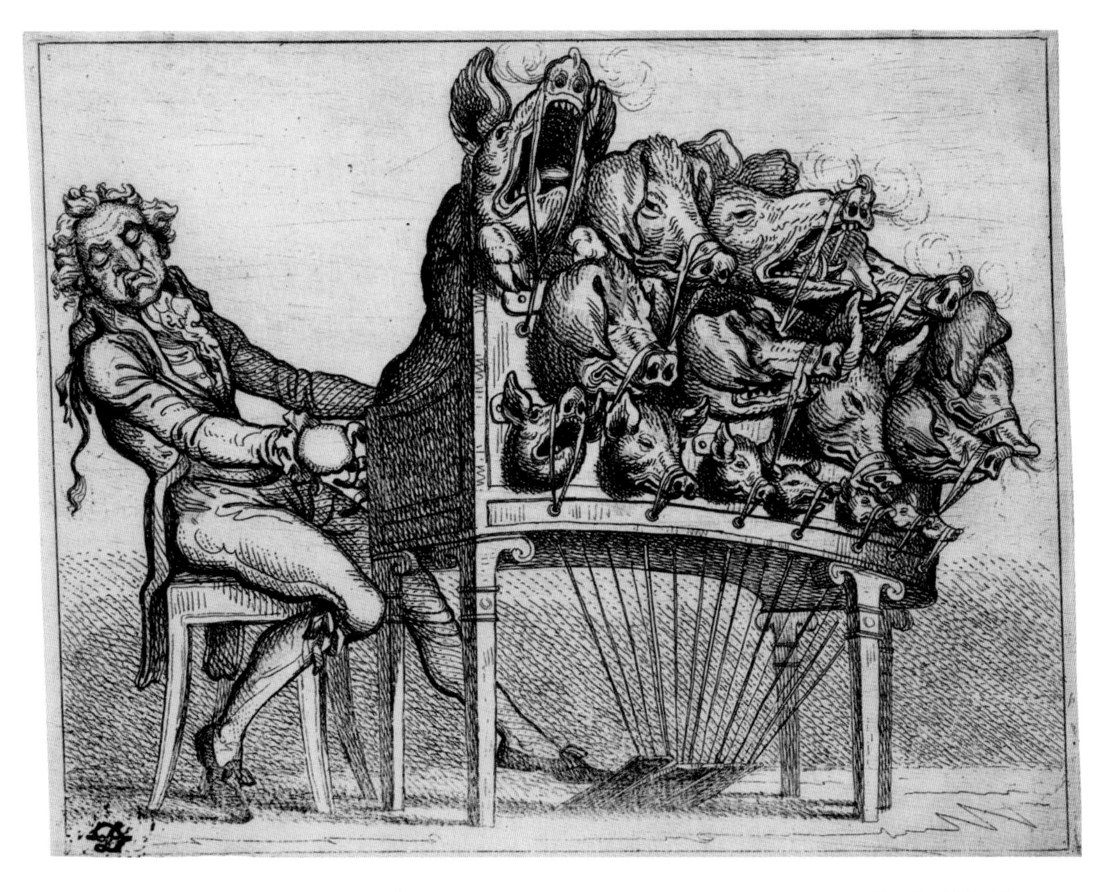

在亚洲的许多地区，巴克特里亚双峰驼被当地人用作运输工具。在亚述王沙尔马那塞尔三世（Shalmaneser III）的黑色方尖碑上，可以看到来自不同国家的人们将双峰驼作为贡品敬献给国王，它们在古代的重要性由此可见一斑。很久以后的唐代，双峰驼在丝绸之路上的商队中扮演了不可或缺的角色，刘庭训将军墓中出土的陶俑生动地展现了这一切。这种任劳任怨的四足动物运送着包括香料、丝绸在内的无数奢侈品，走过了漫漫长路。驼鞍上的“怪物面具”起避邪的作用，和神奇的镇墓兽（第204页）的作用一样。

高大的骏马既是运输工具，也是丝绸之路上从西方贩卖到东方的贵重商品，并且在很长时间内被亚洲人视作杰出的代步工具。在17世纪的朝鲜，朝廷的信使需要拿到马权证才能骑马送信。

下图

官方马权证

1624年

朝鲜

青铜

直径10.3 cm

下图

沙尔马那塞尔三世黑色方尖碑

公元前825年

发现于伊拉克尼姆鲁德

黑色石灰岩

高197.48 cm

右页图

三彩骆驼俑

唐代，约728年

中国洛阳

陶

高83.8 cm

左页图

骆驼小雕像

约 1850—1860 年

印度斋浦尔

金胎珐琅嵌钻石、红宝石、祖母绿、珍珠、异形珍珠

高 5.6 cm

下图

美洲驼小雕像

印加文明，约 1500 年

秘鲁

金

高 6.3 cm

这一盛装打扮的双峰驼应该属于某个位高权重的人。也许，这座雕像传递出的信息更多是关于制作者和他的赞助人，而非关于骆驼本身和它的主人。雕像为金胎珐琅，嵌着钻石、红宝石、祖母绿和珍珠，具有典型的莫卧儿风格。它赋予了这个平凡的物种以华丽非凡的形象。

在印加时期的秘鲁，作为军用役畜的美洲驼是帝国皇权统治的象征。尽管随处可见，它们仍然得到足够的重视，从而能以代表太阳神的金子来制作雕像。这只神情愉悦的美洲驼有可能是一件祭品，用来替代宗教祭祀中宰杀的美洲驼。

左页图

在牛拉水车的花园里会面的情侣

约 1760 年

印度旁遮普山区

纸本画

高 27 cm，宽 20.5 cm

P78 图

挤奶的女人和抱牛犊的男孩

苏伦德拉·纳特·卡尔

20 世纪早期

印度

纸本画

高 18.5 cm，宽 19.5 cm

下图

犁地场景雕塑

约公元前 1985—前 1795 年

埃及

木

高 20.3 cm，长 43.2 cm

P79 图

加齐画卷（局部）

约 1800 年

印度孟加拉地区或穆尔希达巴德地区

纸本画

长 13 m（卷长）

下图这件迷人的墓葬雕塑告诉我们，墓主人来生定然不用担心缺粮了。在深及脚踝的泥土中，一位身穿短裙的农夫正驱使着两头满身斑点的公牛牵引木犁。这类反映农业生产活动的场景往往和代表食物的陪葬品一起，出现在埃及人的墓葬中。

在前机械时代，牛的另一用处是拉水车。正如左页这幅印度北部的画中描绘的那样，牛在花园里拉水车，动物和人都聚集在水源旁。

当然，牛也是重要的奶源。苏伦德拉·纳特·卡尔（Surendra Nath Kar）的画描绘了一个挤奶的女人和一个抱牛犊的男孩，画面温柔而写实。相比之下，著名的民间绘画《加齐画卷》（*Gazi Scroll*）展现的则是圣人们的生活场景，例如图中一位圣人触碰牛的鼻孔，牛就神奇地产奶了。

宫廷与战场

在中东和地中海东部地区的早期文明中，四轮和双轮马拉战车被用于战事。尽管其作用尚未可知，但乌尔军旗清楚地展现了苏美尔人的一次军事行动。在图中所展示的饰板正面，军队由轮式马车和步兵组成，正向敌人发起冲锋。在这一面的最上层，战俘们被带到统治者的面前。统治者的身形刻画得比周围的人更高大，在他的身后是他的双轮战车。

双轮战车的形象频繁地出现在迈锡尼双耳陶瓶上，这是一种用于调配葡萄酒的陶制器皿，似乎主要用于出口贩卖。战车除了用于军事，也用在体育竞技和典礼仪式中，尤其是在后来的古希腊和古罗马文明。著名的摩索拉斯王陵墓建于公元前 4 世纪的哈利卡纳苏斯，位于今天的土耳其。陵墓出土的雕像中有宏伟的战马形象。

描绘战争和皇家宴会的乌尔军旗

公元前 2500 年

伊拉克乌尔皇家陵墓

镶嵌了贝壳、红色石灰岩、青金石

高 21.7cm，长 50.4cm，宽 11.6cm（含底座）

迈锡尼双耳陶瓶

古希腊，约公元前 1375—前 1300 年
制作于希腊，发现于塞浦路斯埃皮斯科皮 - 班波拉地区（Episkopi-Bamboula）
陶
高 42 cm

摩索拉斯王陵墓出土的巨马雕像

（传）皮忒欧（Pytheos）
古希腊，约公元前 350 年
出土于土耳其博德鲁姆
大理石
高 233 cm

在左页的这只用于调配葡萄酒和水的双耳喷口杯上，古希腊太阳神赫利俄斯乘着双轮战车，拉着太阳，驰骋天空。他头上的王冠闪耀着光芒，形似太阳。而与之相对应的，右下图宝石雕像上的月亮女神塞勒涅则头戴新月形的王冠。雕塑家在帕特农神庙三角形楣饰上的作品可谓神来之笔——黎明时分，塞勒涅驾驶着月亮马车，即将结束夜的旅程，落到地平线下。凸起的眼睛和张大的鼻孔传神地表现出了马的疲惫不堪。

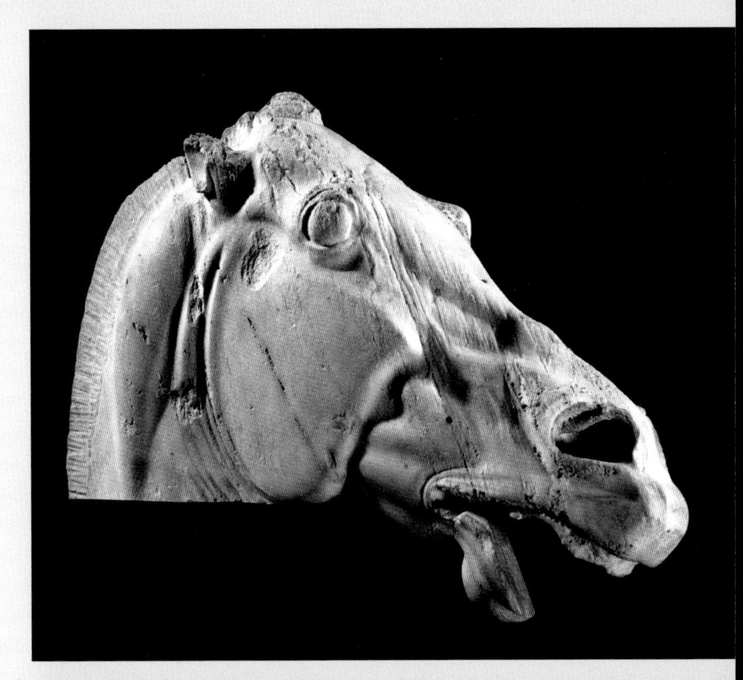

左页图

朱绘花萼纹人像双耳喷口杯，绘有太阳和星辰

古希腊，约公元前 430 年

制作于希腊阿提卡

发现于意大利普利亚

陶

高 33 cm

右图 · 上

月神塞勒涅的战车马头像

（传）菲迪亚斯（Pheidias）

古希腊，约公元前 438—前 432 年

来自希腊雅典帕特农神庙东侧三角形楣饰

大理石

长 83.3 cm

右图 · 下

刻有塞勒涅像的宝石

古罗马，1—3 世纪

肉红玉髓

长 1.3 cm，宽 0.9 cm

数千年来，被雕塑成骑着马的形象无疑能够说明该人的社会地位很高。来自尼日尔的这座黄铜雕像造于20世纪60年代或70年代，年份不算久远。这座雕像并非是雕塑家受正式委托制作的，而是用于贩售的。雕像生动地塑造了一位骑马的贵人，他手中的权杖、身上的长袍，以及马身上的装饰物都表明了他的卓然地位。

与尼日尔的艺术家不同，古罗马的雕塑家为朱里亚－克劳狄王朝的一位王子塑像时使用了大理石。这是一种易碎的材料，却在雕塑家娴熟的技巧下，成就了一尊构图复杂的作品。雕像中马的前蹄高高抬起，摆成了一个独特而又经典的造型。

右页图

马背上的青年雕像

古罗马，约1—50年
制作于意大利
大理石
高约205 cm

左图

骑马人像

约1900—2000年
尼日尔
黄铜
高27 cm，宽7.5 cm

下面这些形象勾起了人们对骑马打仗的激情。在切特西修道院的陶砖上，狮心王理查一世和萨拉丁在战斗中相遇，尽管他们在十字军东征的历史上从未真正碰面。罗伯特·菲茨沃尔特是反对约翰国王的反对派领袖之一，印章上的他正举着剑骑马冲锋，脚下还有一条龙，整个画面动感十足。

更加别出心裁的是左页这只出土于意大利南部的骨灰坛，工匠们在公元前 5 世纪初制作这个骨灰坛时，在盖子上铸造了一对恋人和骑在马上的古希腊亚马逊女战士们。这些女战士正在射箭，其中的一些人扭身向后方射击。

左页图

青铜碗（古希腊深碗，用于调配葡萄酒和水）形骨灰坛

古希腊，约公元前 500 年

制作于坎帕尼亚

发现于意大利加普亚

高 67.3 cm

右图

罗伯特·菲茨沃尔特印章铸模

约 1213—1219 年

来自英格兰

银

直径 7.4 cm

下图

绘有狮心王理查和萨拉丁的陶砖

约 1250—1260 年

来自英国切特西

陶

长 17.1 cm，宽 10.4 cm

雕刻精美的马背上的骑士们露出小心翼翼的神情。这些小巧精致、轮廓分明的棋子来自12世纪，由挪威特隆赫姆的海象象牙制成，1831年出土于刘易斯岛。而这只中世纪英格兰的铜合金大口水罐是在餐前洗手时使用的。整只水罐设计精巧，装饰精美，其造型是一个13世纪晚期的骑士，缺失了长矛和马尾等几个部件。尽管尺寸不大，但这几件展品具有很高的艺术价值。同时，作为消遣品和卫生用品，它们也显示出其主人拥有很高的社会地位。

下图

刘易斯岛的骑士棋子

约1150—1175年

发现于苏格兰乌伊格

海象象牙

高8.4 cm（左），8.1 cm（右）

右页图

中世纪的水罐

约1275—1300年

来自英格兰

铜合金

高33 cm

伙伴

随着狩猎发展成一种令人兴奋的娱乐消遣活动，犬类被培育成打猎的伙伴。这些古罗马雕塑展现了犬种的多样性。凶猛的摩洛希亚猎犬（Molossian hound）既可以担任警卫，又可以狩猎野猪。它直起身体，将头转向一边，颈部缠着枝条，以便套青铜项圈。

与这尊塑像不同，另一对修长健美的灰狗是追逐小型猎物的理想犬种。它们姿态闲适，母狗正小心地抚摸着它的伴侣。两只狗流露出的互相关心，也说明了人类为什么会选择它们作为爱宠和可贵的狩猎伙伴。这些栩栩如生的古罗马狗雕像毫无疑问地表明了狗是“人类最好的朋友”。

左页图
汤利灰狗像
古罗马，1—2 世纪
发现于意大利拉齐奥大区西维塔拉维尼亚（Civita Lavinia）附近
大理石
高 59.7 cm

右图
詹宁斯犬
摩洛希亚猎犬坐像
古罗马，2 世纪
大理石
高 105 cm

相比易碎的大理石，银尖笔画法能够更理想地表现出动物皮毛的柔软。在阿尔布雷希特·丢勒（Albrecht Dürer）的笔下，动物的肌腱和骨骼得到细致的描画，给人以强健的感觉。丢勒在1520—1521年游历荷兰期间见到了这只狗，而创作了这幅作品。

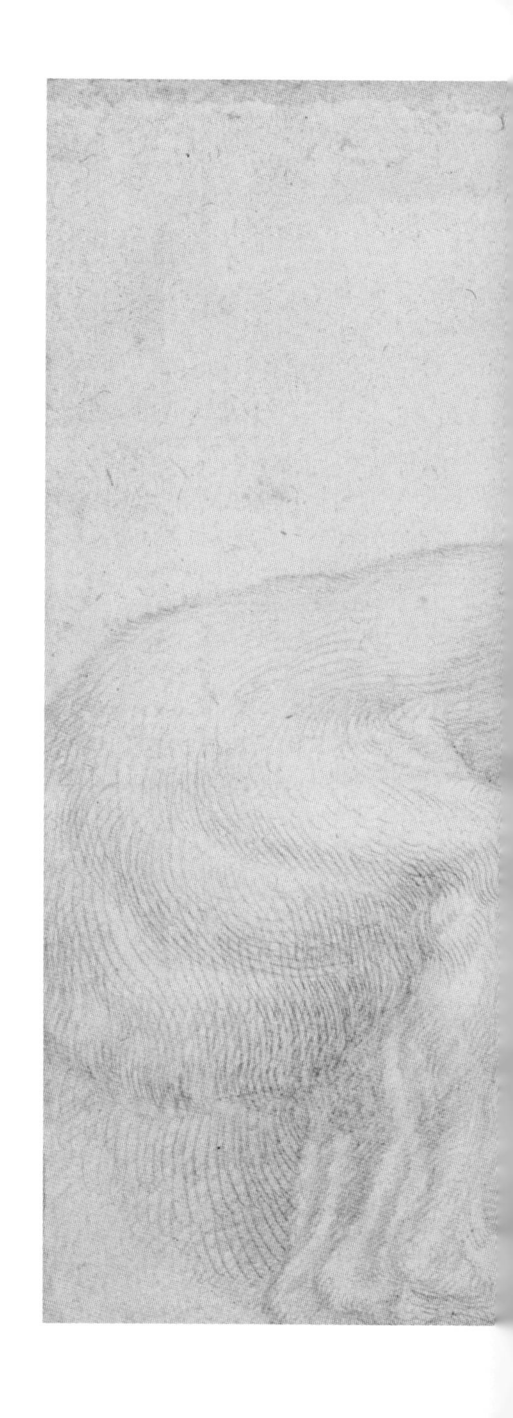

休息的狗
阿尔布雷希特·丢勒（1471—1528）
约1520—1521年
德国
银尖笔、炭笔
高12.8 cm，宽18 cm

梅森的著名瓷器厂擅长生产宠物狗瓷像，这些宠物狗戴着项圈，挠着身体，看起来活泼又迷人。然而，生产这套哈巴狗像有着更重要的目的。1738 年，教皇克莱门特十二世颁布了对共济会的禁令。此后，秘密成立的哈巴狗兄弟会选择以忠诚闻名的哈巴狗作为该组织的象征。这组哈巴狗瓷像很可能是兄弟会的会员委托制作的，用作桌面装饰。

挠痒痒的哈巴狗瓷像
1745—1750 年
德国梅森瓷器厂
硬质瓷
高 5.6 cm（左），5.7 cm（右）

牧羊犬像

1745—1750 年

德国梅森瓷器厂

硬质瓷

高 12.2 cm

龇牙咆哮的野狗是陪胪的最佳伙伴。相传陪胪是印度教湿婆神的恐怖相化身，也是苦行僧人效仿的对象。画中的陪胪像苦行僧一样赤裸着身体，手托头骨做的化缘钵盂，身旁伴着几只吃腐肉的野狗。尽管陪胪象征着死亡，花岗岩神像面容上的微笑和画面背景中盛开的花朵都表现出陪胪兼具看似对立的双重性格。

下图

陪胪和两只狗

约 1820 年

印度旁遮普山区

纸本画

高 25.8 cm，宽 34.9 cm

右页图

陪胪像

约 1000—1100 年

印度

花岗岩

高 115.8 cm，宽 48 cm

盖尔·安德森猫（又名化身猫的贝斯特女神像）

古埃及后期，晚于公元前 600 年
埃及塞加拉
银、金、青铜
高 42 cm

古埃及人对猫的喜爱举世闻名。他们崇拜猫神，如贝斯特女神，并将猫制成木乃伊随葬在墓穴中。他们认为猫具有极强的生殖能力和母性特征，这种看法部分归因于猫对幼崽的细心照料。从这尊雕像上还可以看到，古埃及人认为猫是优雅和美丽的象征。

这尊雕像制作工艺精良，但和塞缪尔·豪伊特在 19 世纪早期作品中画的宠物猫相比，缺少了那份柔软的触感。古埃及的这尊猫雕像姿态庄重，身体对称，身上装饰着象征重生和不朽的饰物。在它的额头和项圈下方还刻有圣甲虫。和现代的爱猫人士不同，古埃及人对猫并非充满怜爱之情，他们养猫是为了将猫祭献给神灵，充作还愿祭品。

猫

塞缪尔·豪伊特（1756—1822）

1809 年

英国

蚀刻版画

高 16.5 cm，宽 21.5 cm

左页图

印度丹泽尔兄弟（Dalziel Brothers）的木刻校样中的《爱丽丝梦游仙境》

丹泽尔兄弟（1839—1905）
仿约翰·坦尼尔爵士（1820—1914）
1865 年
英国
木版画
高 45.3 cm，宽 29.2 cm

上图

大猫

科内利斯·维斯切尔（1628/1629—1658）
约 1657 年
荷兰
雕版画
高 13.9 cm，宽 18.4 cm

“猫对爱丽丝只是笑，看起来倒是好脾气。爱丽丝想，不过它还是有很长的爪子和许多牙齿，因此还应该对它尊敬点。”

约翰·坦尼尔爵士的画完美地捕捉到了刘易斯·卡罗尔笔下柴郡猫在微笑背后潜藏的危险性。这只身形巨大的猫只是《爱丽丝梦游仙境》中的一个角色，但是正如它告诉爱丽丝的那样——“我们这儿全都是疯的”，猫的世界里总是隐藏着暴力。科内利斯·维斯切尔的猫摸起来可能很舒服，然而画面中那只蜷缩在类似地牢口的老鼠却传递出一种恐惧的感觉。

祭祀和仪式

这些人是谁呵，都去赶祭祀？
这作牺牲的小牛，对天鸣叫，
你要牵它到哪儿，神秘的祭司？[1]

这几行诗出自约翰·济慈的一首著名的颂诗。诗句貌似是在与一尊古希腊的古瓮对话，实际上描述的是雅典帕特农神庙的浮雕上的画面——一头待宰的小母牛正晃动着脑袋。这个场景是为纪念雅典娜女神而每四年举行一次的泛雅典娜节的一部分，节日的游行队伍中还包括长长的马队。骑手和坐骑的数量多到拥挤重叠，而躁动的马儿们几乎要脱离骑手的控制，这一切似乎重现了当初的喧闹景象。

下图及右页图

泛雅典娜节游行队伍大理石浮雕

古希腊，约公元前 438—前 432 年
来自希腊雅典帕特农神庙
大理石
高 101 cm，宽 122 cm（每块）

下图

神庙南雕带第四十四块

右页图·上

神庙北雕带第四十三块

右页图·下

神庙北雕带第四十四块

[1] 诗文出自约翰·济慈的《希腊古瓮颂》，译者：查良铮。

左页图

骑猪女人像

古希腊，公元前 1 世纪
制作于埃及
出土于埃及法尤姆
赤陶
高 13.8 cm

下图

青铜猪

古罗马，公元前 1 世纪—公元 1 世纪
制作于意大利
发现于罗马
青铜
高 2.5 cm

在古代，猪往往被用作仪式上的祭品。这尊古罗马青铜猪的原型便是饰有花环的祭品，而左页这件希腊化时代的赤陶像塑造的是古希腊女神德墨忒尔的一名虔诚信徒，她骑在猪身上，手里拿着一只板条箱（或是一只圣箱）。尽管陶像的具体内涵不详，但肯定与德墨忒尔和她的女儿珀耳塞福涅的传说有关。珀耳塞福涅被迫嫁给了冥王哈迪斯，每年必须在冥府待满六个月才能回到地面上。德墨忒尔和珀耳塞福涅是一些神秘仪式祭拜的对象，例如每年春天在阿提卡的厄琉息斯（Eleusis）举行的祭祀活动。这尊赤陶像中猪的原型无疑会被宰杀。

在这些表现人与牛英勇搏斗的雕塑被创造之前，人类驯养牛的历史已经有数千年。密特拉神和公牛的故事源于波斯，在罗马帝国广为流传。在密特拉神杀死公牛的同时，刺出的鲜血使生命和光重生。公牛的生殖器旁边的蝎子突出了生与死之间的联系，狗和蛇则在舔食公牛伤口以获取营养。

密特拉屠牛像

古罗马，2 世纪
出土于意大利罗马
大理石
高 129 cm

公牛和杂技演员青铜组
约公元前 1600—前 1450 年
制作于希腊克里特岛
青铜
高 11.4 cm，长 15.5 cm

这尊来自克里特岛米诺斯文化的青铜塑像展现了一种略微温和的对待公牛的方式。一位杂技演员跳过了一头失去后腿的牛的头部，试图站在牛的背上。我们对这一活动所知甚少，它很可能是一种宗教行为，表面上一点也不暴力，但最终结果有可能仍是献祭公牛。公牛是力量的象征，支配或杀死公牛的主题常常在艺术作品中出现。

第三章

珍禽异兽

历史学家希罗多德（Herodotus）记录了波斯王薛西斯的军队，至少是军队中的骆驼，在公元前 5 世纪初入侵希腊的时候，遭受到了狮子的攻击。同时，他也描述了有限的攻击范围。欧洲的狮子数量一直在减少，第 114 页展示的那尊造型奇怪的青铜狮子的塑造者显然没有亲眼看到过狮子。

群虎渡河
见第 117 页

众多“珍禽异兽”或是形象不为人熟知，或是五彩缤纷，或是出乎人们的预料。尽管人们逐渐在现实中接触到它们，但对它们的艺术处理却并非建立在直接观察的基础上。从阿尔布雷希特·丢勒到圆山应举（Maruyama Ōkyo），众多艺术家们在创作时或是以原样保存的或剥制的标本为摹本，或是以他人的印象为参考，甚至以相关种类的家养宠物为参照。这样的创作方法无碍于他们在作品中展现出动物们的相应特征。它们或是看门，或是守墓，或是单纯地用来给室内环境添加一份魅力。第 116—117 页的日本虎就是极好的例子。

尽管近年来，在欧洲的城市里“珍禽异兽”已经相当常见，它们还是经常出现在奇思异想的作品中，或是被讽刺作家和漫画家选用。必须指出的是，那些不那么奇怪的生物也遭受了相同的命运（第 47 页）。作品中异兽身体结构上的古怪和不精确归因于创作者的无知，但对它们进行的失真化、人性化和同环境割裂这些处理，则与艺术家们描绘其他种类动物时采用的手法类似，充满了自由性。

也许最独特的一种风格是描绘探险家们带回的标本。在其他洲建立殖民地后不久，欧洲人准确记录下了各种生物的科学形象，从微小的无脊椎动物到凶猛的爬行动物。尽管这些样本值得赞赏，动物们仍然摆脱不了艺术家们模式化、传统的创作手法（第 120—121 页），或是别有用心的改动。伊丽莎白时代的约翰·怀特无疑画过一些他在“新世界”遇到过的动物，因为他对食用这些动物很感兴趣。尽管如此，他的许多令人惊叹的绘画习作，例如第 124 页上的寄居蟹，都传递出一种客观的好奇感——那是一种想去了解的欲望，而不是想吃的欲望。

大型猫科动物

几个世纪以来，狮子代表的品德一直对艺术家们充满了吸引力，即便他们所处的国家离狮子的栖息地十万八千里。这个来自英格兰的罗马式门环采用了狮子的形象，这使它显得高贵而有力量。门环上的狮子有着人的鼻子、眉毛和胡子，鬃毛也为了装饰性而重新排列。虽然狮子的相貌失真，但门的抵御能力，或者说至少是外观，得到了改善。

狮头门环
约 1200 年
制作于英格兰
青铜
直径 37 cm

狮虎斗

詹姆斯·沃德（1769—1859）

1799 年

英国

网点铜版画

高 48.3 cm，宽 60.7 cm

六百多年后，英格兰画家詹姆斯·沃德（James Ward）画出了狮子的凶残。在他的笔下，狮子的身体构造准确，画面的场景却不太真实。又黑又深的洞穴般的场景有一种梦幻壮丽的风格，但和非洲大草原相去甚远。狮子的对手是另一种大型猫科动物，它和狮子永远不会在大自然中相遇。

古希腊人对狮子的认知有点前后矛盾。这点并不奇怪，因为在地中海东部地区，狮子在古代就逐渐绝迹了。坐落于小亚细亚（土耳其）海滨的一座墓地纪念碑顶端的尼多斯狮子雕像，对狮子的刻画相对准确。它的眼睛原本镶嵌了玻璃，可以在阳光下闪闪发光。纪念碑刚建成时，这尊雕像肯定非常引人瞩目。

相比之下，下面这尊青铜狮子很可能曾是家具上的一个配件。它既长着乳头又长着雄狮的鬃毛，身体后端像狗一样翘起，准备扑向前方。古希腊人确信狮子会摆出这个姿势，并称其为狮卧式。

雌狮卧像

古希腊，公元前 6 世纪
发现于希腊科孚岛
青铜
高 10.16 cm

巨型狮子雕像

古希腊，公元前 2 世纪
出土于土耳其尼多斯
大理石
高 182 cm，长 289 cm

左页图

虎哮图

岸驹（1749—1838）

约 1790—1838 年

日本

立轴，绢本设色

高 169.3 cm，宽 114.6 cm

对这些日本画家来说，老虎是一种“奢侈品”，而不是他们遇到过的一个真实物种。尽管岸驹（Kishi Ganku）出色地描绘了老虎的皮毛、尖牙，甚至胡须，但老虎的身体构造却显得太扁平、不自然。它看起来不是一个有生命的活物，更像是一张毯子，一张剥下来的虎皮。当它站在奔涌的水流上方的岩石上大声咆哮时，才显示出勃勃生机。

圆山应举创作了一幅同样震撼的画作，描绘一群老虎过河的样子。他以对自然的细腻观察著称于世，然而在绘制这幅作品时，他不得不以虎皮和家猫为参照物，虚构出一幅野生老虎的画面。

下图

群虎渡河

圆山应举（1733—1795）

1781—1782 年

日本京都

六扇屏风，纸本设色，贴金

高 153.5 cm，宽 352.8 cm

约翰·济慈（John Keats）在他的《夜莺颂》里提到的酒神巴克斯和他的豹子是古代艺术作品中常见的主题，对后来的欧洲文化也有深刻的影响。在这幅来自哈利卡纳苏斯的镶嵌画上，酒神巴克斯正和一只豹子跳舞，画上嵌有他的希腊名——狄俄尼索斯。而“弓”（Bow）瓷器厂生产的这尊酒神，坐在大宠物般的豹子身上，看不出任何放纵和狂野的迹象。和镶嵌画中的酒神一样，瓷像酒神也头戴葡萄藤做的头冠，看上去正在给他的伙伴喂食。不过，这尊瓷像与古代同主题作品，或者说与济慈文字的相似之处就到此为止了。

左页图

酒神与豹子镶嵌画

古罗马，4 世纪
发现于土耳其博德鲁姆
石
高 140 cm，宽 136 cm

下图

骑豹的婴儿酒神像

约 1755 年
英国“弓”瓷器厂
软质瓷
高 14.7 cm

左图

蝴蝶彩绘

玛丽亚·西比拉·梅里安（1647—1717）

约1701—1705年

德国

水彩、钢笔、黑色墨水

高36.1 cm，宽24.6 cm

右页图

虎凤蝶彩绘

约翰·怀特（约1540—1593）

约1585—1593年

英国

石墨、水彩

高13.9 cm，宽19.8 cm

探险家的标本

约翰·怀特（John White）于 1585 年第一次到达沃特·罗利爵士位于“弗吉尼亚”（今北卡罗来纳州的一部分）的定居点，创作了已知最早的一幅美洲蝴蝶图。尽管怀特把奇怪的昆虫标本带回了英格兰，他仍旧主要以水彩画的方式准确地记录下他遇见的动物。

一个世纪后，1699 年，阿姆斯特丹市资助了艺术家和博物学家玛丽亚·西比拉·梅里安（Maria Sibylla Merian）对荷兰在南美洲的殖民地苏里南开展科学考察活动。两年后，她回到荷兰，出版了《苏里南昆虫变态图谱》，书中精确描绘了蝴蝶一生中的各个阶段。今天，梅里安被视为昆虫学的先驱之一。

左图・上

凯门鳄与红黑蛇搏斗图

（传）多萝西娅・格拉夫

（1678—1743）

约 1701—1705 年

德国

水彩、钢笔、墨水

高 30.6 cm，宽 45.4 cm

左图・下

加齐画卷（局部）

约 1800 年

印度孟加拉地区或穆尔希达巴德地区

纸本画

长 13 m（卷长）

多萝西娅·格拉夫（Dorothea Graff）是博物学家玛丽亚·西比拉·梅里安的女儿。她在两幅画中分别描绘了产自南美洲的凯门鳄和蓝黄鹦鹉咬住一条珊瑚蛇的场景。尽管动物的姿势比较常见，但她在绘画时特别关注了动物的身体结构、颜色，以及皮毛纹理。

印度画卷中的这只鳄鱼与格拉夫所画的凯门鳄一样，都将身体弯成了一个夸张的角度，但它的形象看起来更加地非写实。这条鳄鱼是加齐的冒险故事（见第 79 页）里的一个角色，它和其他一些动物都是加齐展现超人控制力的对象。

右图

蓝黄鹦鹉图

（传）多萝西娅·格拉夫（1678—1743）

约 1700—1710 年

德国

水彩

高 50 cm，宽 36.4 cm

Caracol.
Caracol.
Thes lyue on land neere the Sea syde, and breede in sondry shells when they be empty.
1
57

约翰·怀特很可能是在前往弗吉尼亚的英格兰定居点途中，在加勒比海地区或巴哈马群岛看到了火烈鸟。他的水彩画因对鸟类羽毛的细致描绘而受到鸟类学家们的推崇。更令人称奇的是画中的寄居蟹，为了保护自己，它正爬进软体动物的空壳里。画中“Caracol”一词在西班牙语中的意思是“海贝壳”。虽然对吃的现实追求是怀特创作部分画作的动力，但对这里展现的生物而言，他是将它们视为异域奇珍而非食物。当然，寄居蟹本身也不可食用。

左图

火烈鸟

约翰·怀特（约 1540—1593）

约 1585—1593 年

英国

石墨、水彩

高 29.6 cm，宽 19.7 cm

左页图

紫螯寄居蟹（或陆寄居蟹）

约翰·怀特（约 1540—1593）

约 1585—1593 年

英国

石墨、水彩

高 18.8 cm，宽 15.5 cm

稀奇古怪的动物

长着长牙和尖角的古怪动物激发艺术家们创作了数不清的作品，但实际上创作者经常无缘得见它们的真容。丢勒听闻葡萄牙国王向教皇敬献了一头奇怪的动物，但是在距拉斯佩齐亚不远的海上把它弄丢了。受到这一传闻的启发，他创作了这幅犀牛图。图中犀牛的原型出自一位商人的速写，是在犀牛从东印度群岛运抵里斯本时画下来的。丢勒尽量准确地画出了犀牛的头和角，但给犀牛的四肢画上了爬行动物的鳞片，还给身体画上了盔甲。

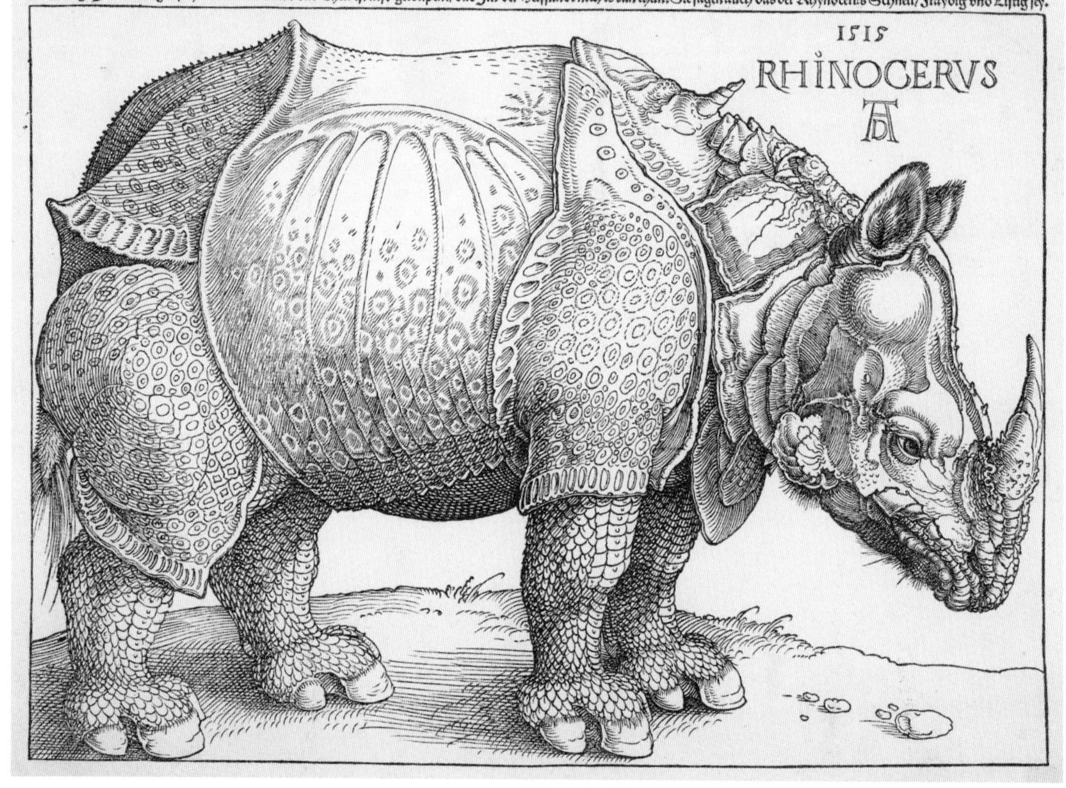

左页图

犀牛

阿尔布雷希特 · 丢勒（1471—1528）
1515 年
德国
木版画，凸版印刷
高 21.2 cm，宽 29.6 cm

下图

一对大象模型

约 1655—1670 年
日本肥前“有田烧”
瓷
高 35 cm，宽 42 cm（左）
高 35 cm，宽 43.5 cm（右）

这两只大象模型是由日本手工艺人制作的，很可能参考了来自印度的图片。相比真实的动物，它们的眼睛更能使人联想到制作它们的匠人们的样子。幸运的是，得到这对手工艺品的西方人很可能并不太在意这一点。他们最感兴趣的是白釉和釉彩装饰的精湛技艺，白釉的色泽和平滑度使大象看起来不那么笨重，增加了整座塑像的魅力。

海象生活在北极地区，因乳白色的海象牙而受到人们的青睐。它们有时会出现在挪威海岸，但再往南就很少能发现它们的踪迹了。对于居住在内陆城市纽伦堡的丢勒而言，海象是一种奇异的动物。他的这幅水彩画看起来引人入胜，但他写在上面的描述性文字却有些荒诞："1521 年，那头愚蠢的家伙……在荷兰海被捕获。它长着四只脚，有十二埃尔[2]长。"

丢勒在 1520—1521 年间访问过荷兰，但是在他的日记里没有关于海象的记录，而他的画里明显只有海象的头部。在此两年前，一位挪威的主教腌渍了一个海象头，献给了教皇利奥十世，而在教皇的收藏品中还有一头印度犀牛。看起来丢勒画的便是一个经过腌渍的海象头。

海象图
阿尔布雷希特·丢勒
(1471—1528)
1521 年
德国
钢笔、褐色墨水
高 21.1 cm，宽 31.2 cm

[2] 旧时量布的长度单位，相当于约 115 cm。

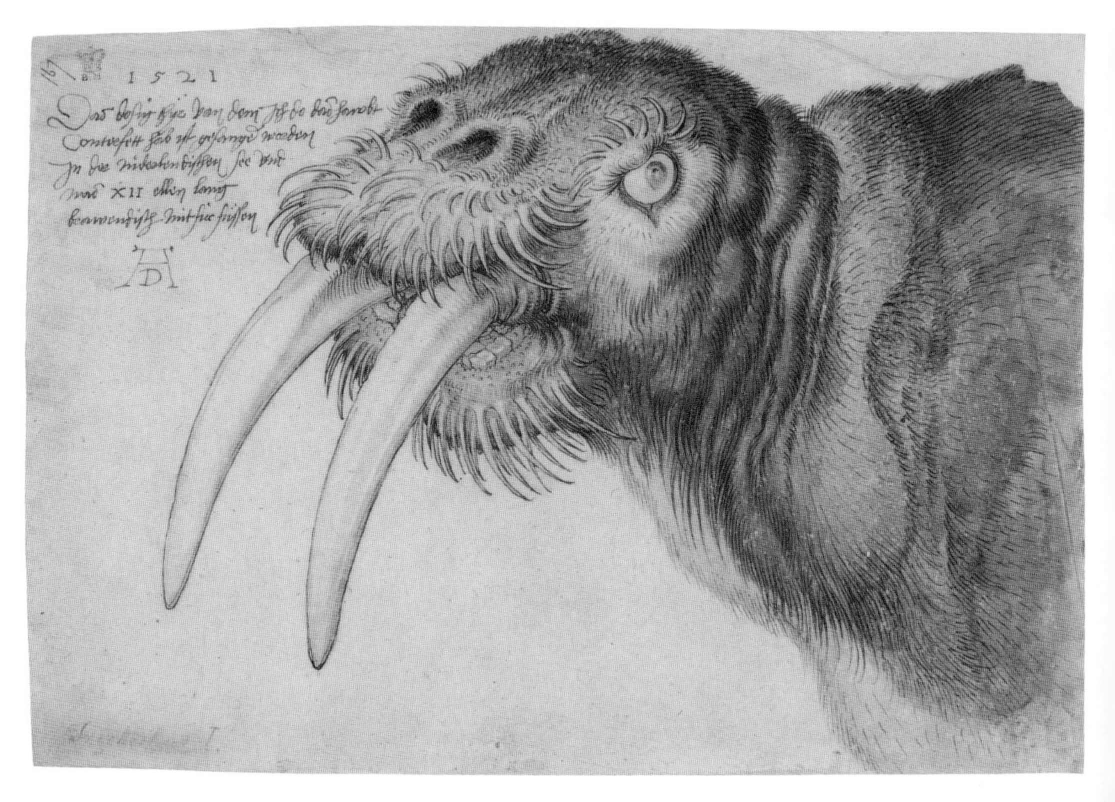

1594 年（或 1596 年）的新地岛探险

扬·卢肯（1649—1712）

约 1679 年

荷兰

蚀刻版画

高 27.2 cm，宽 34.5 cm

海象的名声无疑很响亮。扬·卢肯（Jan Luyken）的作品中海浪翻涌，描绘的是荷兰人威廉·巴伦支（Willem Barentsz）从 1594 年开始进行的北极探险活动，但这幅作品并不是这次航行的第一手记录。实际上，这幅版画是根据《圣经》中约拿和鲸鱼的故事创作的。

人类动物园

左图

野生动物展

佚名

1774 年

英国

手工上色网点铜版画

高 35 cm，宽 25 cm

右页图

狩猎鳄鱼和河马

威廉·德勒乌（Willem de Leeuw，1603—约 1665）仿彼得·保罗·鲁本斯（Peter Paul Rubens，1577—1640）

约 1623—1624 年

佛兰德斯地区

蚀刻版画

高 46.5 cm，宽 64.1 cm

到 18 世纪的时候，许多珍禽异兽被关在狭窄无遮挡的笼子里，作为公众展览向欧洲人开放。人们蜂拥而至，场面蔚为壮观。这样的景象十分有趣，就像 18 世纪 70 年代的佚名讽刺画里描绘的那样：相互对视的人和猴子穿着一样的衣服，戴着一样的假发。画面下方的说明文字这样写道："人类喜爱看自己的肖像画。"

仿照鲁本斯作品创作的这幅狩猎鳄鱼和河马的版画，可能也想表现出人类凶残的特质。尽管河马和鳄鱼代表的黑暗天性在表面上被克制住了，整个画面的氛围却是模糊不清和令人不安的。鲁本斯在画河马这一尼罗河上的经典动物形象时，很可能是参考了他在罗马看到的填充标本。

鸵鸟毛和对戴鸵鸟毛的人的嘲讽是这两幅画的共同特征。右图的标题“戴羽毛的美人受到了惊吓”暗示了偷盗这些装饰品的女仆们应该“归还借来的羽毛”，画中出现的鸵鸟也在提醒我们，它们才是羽毛的合法所有者，而不是女仆们的主人。《圣经》中把鸵鸟描述成缺少智慧和理解力的动物，这更增加了这幅画的讽刺性。

威廉·希思（William Heath）的版画延续了这种荒谬。画中形象怪诞的乔治四世和他的情妇科宁厄姆夫人与苗条纤细的长颈鹿（旧称为驼豹）形成鲜明对比。这只长颈鹿是埃及帕夏在1827年送至英格兰的。这只长颈鹿从表面上看传达的是人类的一种新“爱好”，但实际上和通常一样，它反映的是其所陪伴的人类的道德缺陷。和这只长颈鹿一样，科宁厄姆夫人本身就是皇室一时的爱好。

上图

戴羽毛的美人受到了惊吓

仿约翰·科莱特（John Collet，约1725—1780）

1777年

英国

手工上色网点铜版画

高34.7 cm，宽25.1 cm

右页图

长颈鹿/新爱好

威廉·希思（1794—1840）

1827年

英国

手工上色蚀刻版画

高33.2 cm，宽22.4 cm

Lady Conyngham
Geo. IV.
Sept. 1827
THE CAMELOPARD, or a NEW HOBBY
arrived Aug. 1827.

FASHION IS BUT ONE CREATURE APEING ANOTHER

在维多利亚晚期的英格兰，马丁兄弟（Martin Brothers）因其独特的手工陶瓷制品闻名。他们的作品经常是以怪异的鸟类为外形的烟草罐或储物罐。这些鸟类的形态不仅源于英国本土物种，还参考了国外鸟种，例如秃鹫。鸟儿们被赋予了人类般的邪恶笑容，显然是以真实的人为原型创作的。这样的设计效果既可怕又讽刺。

英国插画家阿尔弗雷德·亨利·弗雷斯特（Alfred Henry Forrester）也致力于讽刺现实。画中的主人公冷漠地支着胳膊，靠在窗边，仿佛是文艺复兴肖像画中的贵族。然而，这个优雅地拿着烟斗、穿着毛领大衣的主人公其实是只猴子。它和许多猿类的角色一样，反映的是我们的虚荣和愚蠢。毕竟，“时髦不过是一个模仿另一个的样子”。

左页图

装扮成人的猴子

仿阿尔弗雷德·克罗奎尔（笔名，真名为阿尔弗雷德·亨利·弗雷斯特，1804/1805—1872）

1844 年

电雕版画

高 12 cm，宽 10.5 cm

右图

怪异鸟形烟丝罐

马丁兄弟

1882 年

英国伦敦

炻器

高 53.5 cm

名所江戸百景
水道橋
駿河臺

第四章

作为象征的动物

凤凰形状的吊坠
辽代，907—1125年
中国东北部
玉
长7.2 cm

任何东西都可以是一种象征，它可以是某种抽象形态或具体的颜色、花、人，当然，也可以是某种动物。有些动物被认为是吉祥的，例如中国文化中的凤凰（右页图）代表男性和女性元素的和谐。而我们前文看到的狮子，则几乎普遍地被用来代表勇敢、力量和高贵。本章主要介绍一些意义更为具体的藏品，它们或代表某个具体人物（例如福音传道者圣马可，第152页），或代表法老的权力（第154—155页）。古埃及人不仅将王权同狮类动物的凶猛与英勇联系起来，跟很多其他文化一样，他们的统治者还具有崇高的宗教地位。因为蛇能蜕皮，似乎青春永驻，因此被他们用来装饰帝王雕像的额头，以此代表帝王的永生。然而，在犹太教和基督教文化传统中，蛇往往代表着非常负面的意义，毕竟在《圣经》中它是导致人类堕落的罪魁祸首（第140页）。就连在埃及的葬礼艺术中，蛇也代表了人们在死后可能面临的危险。作为爬行纲下的一目，蛇所代表的意义无疑是极其丰富的。不过，意义会随着背景的变化而变化。独角兽的独角形象有时是男性气概的象征，有时则由于和牺牲的主题相关，而象征纯洁和复活的耶稣（第186—187页）。虽然动物常与某种特定的品质相关联，但它们所代表的道德意义却可能会具有文化差异。在许多文化中，山羊代表着性能量，古美索不达米亚人视之为神圣的、能赋予生命的力量，而欧洲的基督徒则认为它是邪恶的（第142—143页）。

善与恶是本章一开始就要讨论的主题。戈雅在《理性沉睡，心魔生焉》中所呈现的动物令人毛骨悚然，虽然其中一只猫头鹰提供了艺术家创作用的工具，我们仍然很难想象它们不是邪恶的；然而当猫头鹰和女神雅典娜联系起来时，它们的含义显然就大不相同了（第146—147页）。在讨论古代文化时，很难去精确把握当时的道德标准和衡量善恶的尺度。尽管某些动物象征会在不同的社会中出现，但是促使这些象征产生和丰富起来的价值观念却是微妙而神秘的，有时甚至难以理解。

善与恶

《圣经》让蛇背负了不好的罪名，因为它比“上帝创造出的任何动物都要狡猾”，也正是它诱惑亚当和夏娃偷吃了知善恶树的禁果。不过，在没有受到《圣经·创世记》中有关人类堕落记载影响的文化中，蛇并不是邪恶和狡诈的象征，而是代表着复苏和新生——因为蛇能蜕皮。古埃及人常常在坟墓中使用蛇的形象，本页的青铜眼镜蛇就是在底比斯一名叫作曼图霍特普的男子的裹尸衣下发现的。

下图·左

蛇形青铜圣像

埃及第十八王朝，约公元前1550—前1500年

埃及底比斯

青铜

高8 cm，长166 cm

下图·右

亚当与夏娃

阿尔布雷希特·丢勒（1471—1528）

1504年

德国

雕版画

高25 cm，宽19.2 cm

胡内弗尔的《死亡之书》(局部)
古埃及第十九王朝，约公元前 1280 年
埃及
纸莎草画
长 70 cm，宽 46.3 cm

但即使是在埃及，蛇也更常以人类天敌的形象出现。在胡内弗尔的《死亡之书》(放在亡者墓中来保护和帮助亡者通往来生的陪葬书)中就是如此，书中画了很多拿着刀的角色，包括下面这只拿刀准备杀蛇的猫。

山羊是男性性欲的重要象征，不过它的道德意义因文化而异。在由荷兰艺术家亨德里克·霍尔奇尼斯绘图，其继子刻印的作品中，山羊会和代表色欲（天主教中七宗罪之一）的女性形象一同出现。两者的外形存在很多相似之处，例如腿站立的姿势，甚至毛发和尖角的性感曲线。作品充满了一种能量，当然，这种能量并不值得我们赞颂。

相对而言，发现于乌尔皇陵中的苏美尔山羊（为一对山羊中的一只）呈现的则是一种神圣的、赋予生命的力量。它最初是作为放碗或盘子的支架。这只华丽的雄性山羊站立在一棵植物之后，植物上八角玫瑰花形装饰象征着主宰爱、丰饶和战争的女神伊南娜。这座雕塑的装饰物极尽奢华，不仅使用了可能来自伊朗和土耳其的金叶和银叶、来自波斯湾的贝壳，最难得的是，还使用了来自阿富汗的青金石。因此，这件作品不仅是神权的象征，还展现了苏美尔文明高度的商业繁荣。

上图

“恶”之色欲

雅各布·马萨姆（Jacob Matham，1571—1631）仿亨德里克·霍尔奇尼斯（Hendrik Goltzius，1558—1617）

约 1587 年

荷兰

雕版画

高 21.7 cm，宽 14.4 cm

右页图

灌木丛里的公羊

约公元前 2600 年

出土于伊拉克南部的乌尔皇家陵墓

镀金木

高 45.7 cm

双头鹰（Gandabherunda，也作 Berunda）和大鹏鸟（Simurgh，又称思摩夫）是代表英勇和仁慈的神鸟。虽然这里的两件作品来自不同的宗教文化——分别来自印度教帝国时期和莫卧儿王朝时期的印度，但有很多相似之处，例如它们都在某种程度上和凤凰相似（第 160—163 页）。作品通过描绘它们抓走类似大象的动物来体现神鸟的力量。双头鹰用它的两个头和爪子紧紧地抓着它们，大鹏鸟则用嘴牢牢叼住一只象狮（Gaja-Simha）的头部，而象狮自己又抓着好几只小一点的灰象。

下图

刻有两只嘴各叼着一只大象、同时脚下踩着两只大象的双头鹰的金币（正面）

毗奢耶那伽罗帝国时期，

1530—1542 年

印度

金

直径 1 cm

右页图

大鹏鸟攻击象狮

裱在相框内的单页画

17 世纪晚期

印度

纸本，墨、不透明水彩

高 26 cm，宽 18.2 cm

西班牙艺术大师戈雅给他的版画起了一个令人难忘而又发人深省的名字。理性沉睡之时，黑暗的恶魔迅速侵占灵魂。戈雅通过山猫、蝙蝠群和猫头鹰（其中，一只猫头鹰为沉睡的艺术家拿着画笔）将黑暗的恶魔形象地呈现出来。这些黑夜和非理性的形象让人不禁将它们与古美索不达米亚“夜之女王”身边的猫头鹰进行对比。女神雕像的背景原本是黑色的，而雕像本身则是红色的。她可能是冥界女神，但是至今她的具体身份和她身边动物的意义仍然不得而知。

不过，我们对这枚公元前5世纪银币上猫头鹰所代表的希腊女神雅典娜要熟悉得多。雅典娜不仅是智慧女神，还是雅典的守护神，这里的猫头鹰所代表的意义似乎和戈雅作品的截然不同。尽管如此，在讨论古代世界的道德准则和具有多重象征意义的神明时，仍然不能把善恶划分得过于绝对。

刻有猫头鹰的四德拉克马银币（反面）

约公元前527—前430年

铸造于希腊雅典

银

直径2.6 cm

上图 · 左

理性沉睡，心魔生焉

弗朗西斯科 · 德 · 戈雅（Francisco de Goya，1746—1828）

1799 年

西班牙

蚀刻、尘蚀铜版画

高 21.2 cm，宽 15 cm

上图 · 右

夜之女王

刻有长羽翼的美索不达米亚女神的黏土浮雕

约公元前 1800—前 1750 年

来自伊拉克南部

黏土

高 49.5 cm，宽 37 cm

神性与王权

“复活节上帝的羔羊”（拉丁语为“Agnus Dei”）是代表耶稣牺牲自己为人类救赎的重要象征。这个形象是弥撒的核心，每次信徒们在准备领受圣餐前都会提到它。这枚意大利垂饰采用精美的乌银镶嵌，图案上的光环和旗帜象征着耶稣的复活。

“上帝的羔羊”垂饰
创作日期未知
制作于意大利
银、乌银、金
高 4 cm

维多利亚时代的设计师奥古斯塔斯·普金是一名天主教皈依者，他把羔羊的形象运用到圆形的陶砖上，这些陶砖由特伦特河畔斯托克城的明顿陶瓷厂生产。

印有复活节羔羊图案的“普金”砖

奥古斯塔斯·韦尔比·诺思莫尔·普金（Augustus Welby Northmore Pugin, 1812—1852）设计
约 1845 年
特伦特河畔斯托克城的明顿陶瓷厂
陶
长 27 cm，宽 27 cm

基督教认为上帝具有圣父、圣子、圣灵三种位格，也就是“三位一体”。其中，第三位格“圣灵”经常用鸽子作为象征，这是因为据《路加福音》记载，耶稣受洗时圣灵是以鸽子的形象显现的。

长着洁白羽毛、带有光环的鸽子是这个金吊坠的中心装饰，吊坠的背面还有用于装一缕头发的小格子，它由欧内斯托·皮雷特（Ernesto Pierret）制作于罗马。鸽子的形象由很小的马赛克玻璃（这是当时很流行的珠宝材质）制成，十字架四角的字母合起来组成了一个希腊单词，意思是“胜利”。

这块石灰岩石碑由8世纪的埃及科普特基督徒雕刻而成，石碑上刻有一枚十字架和一只鸽子，它们四周围绕着叶状花纹。石碑上的鸽子并没带有光环，而是站在卷轴形状的装饰上，颈部戴着坠饰，展开着双翅——代表了强大而富有动态的圣灵形象。

右图

玛利亚的墓碑

约700—800年

埃及

石灰岩

高134 cm，宽48.8 cm

右页图

圣灵之鸽十字形吊坠

欧内斯托·皮雷特（1826—1875）

约1860年

制作于意大利罗马

金、玻璃

宽4.65 cm

I
Z
K
A

德国雕刻家马丁·松高尔（Martin Schongauer）用不同的象征描绘了四位福音传道者，他们分别是四部福音书的作者。从早期基督教时期开始，人们就用这些象征来代表他们了。这些形象来自《以西结书》和《圣经·启示录》中的描述，分别反映了每部福音书的特征。圣马太着重讲述耶稣的人性和历史渊源，这里用天使来象征；其他福音传道者则是用不同动物来代表的。

右图·上
"四福音传道象征"之圣马可狮像
马丁·松高尔（1440/1453—1491）
1469—1479 年
德国
雕版画
直径 8.7 cm

右图·下
"四福音传道象征"之圣马太天使像
马丁·松高尔（1440/1453—1491）
1469—1479 年
德国
雕版画
直径 8.7 cm，高 9.2 cm

圣约翰的福音书高瞻远瞩，因此用鹰来表示；圣路加重点讲述耶稣对人类罪恶的救赎，所以用长了翅膀的公牛来表示，象征着牺牲的受难者；圣马可主要讲述了耶稣的荣耀身份和复活，这里用长着翅膀的狮子来象征，因为当时人们认为狮子出生时是死的，出生后才得以复生。圣马可在他的福音书一开始就引用施洗者约翰的事迹——“旷野中有人在呼喊”，狮子的形象也很符合这个描述。

左图・上
“四福音传道象征”之圣约翰鹰像
马丁・松高尔（1440/1453—1491）
1469—1479 年
德国
雕版画
直径 8.5 cm，高 8.5 cm

左图・下
“四福音传道象征”之圣路加公牛像
马丁・松高尔（1440/1453—1491）
1469—1479 年
德国
雕版画
直径 8.7 cm，高 8.8 cm

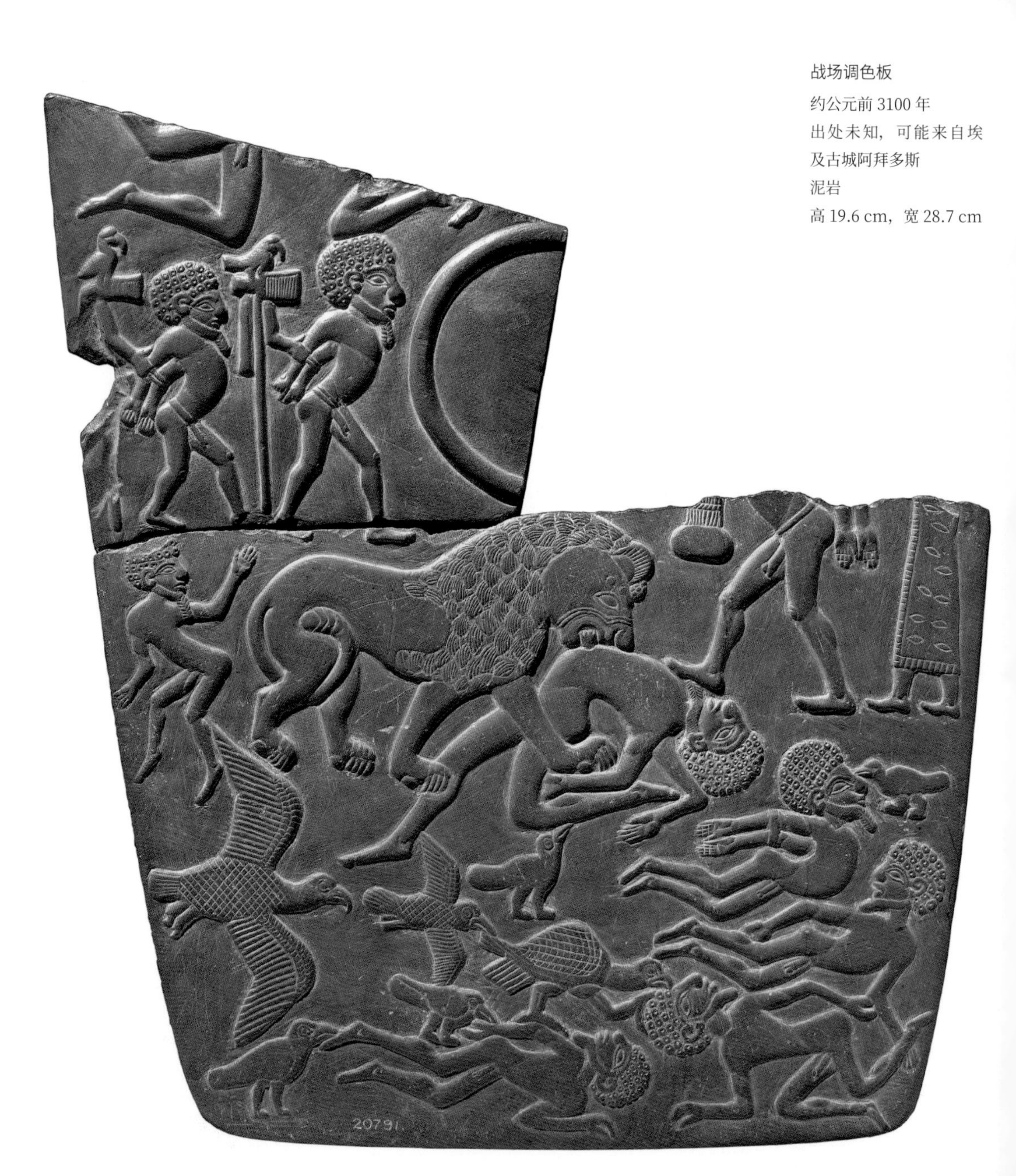

战场调色板
约公元前 3100 年
出处未知，可能来自埃及古城阿拜多斯
泥岩
高 19.6 cm，宽 28.7 cm

普拉德霍狮像之一

古埃及第十八王朝，约公元前 1370 年

苏丹博尔戈尔山

红色花岗岩

高 117 cm，长 216 cm

我们几乎可以肯定的是，在这块刻于埃及史前时期末描述战争的调色板上，狮子代表的是击败敌人的国王。雄伟的狮子正在屠杀一位裸身男子，大小不一的鸟儿（可能是秃鹰和乌鸦）则在啄食着散落各处的尸体。

古埃及第十八王朝的法老们被神化为“努比亚之王”，和他们的祖先们一样，他们的象征都是狮子。不过，这座发现于尼罗河第三大瀑布群北部索利卜古城的巨大雕像，却刻画了狮子静态时散发的高贵气质。这座狮子雕像原本应该镶嵌着眼睛，虽然它的鬃毛看着像拉夫领（轮状皱领），身体线条也不够圆润，但是能让人感受到强大的权力感。雕像原本有一对，最初可能是用于守卫由埃及法老阿蒙霍特普三世建造的一座庙宇，不过它也有可能是他为了儿子阿肯纳顿制作的。

鸟类常常被用作王室的象征。这里的贝宁权杖非常特别，因为上面雕刻的这只鸟有着特别的历史，它因预言贝宁王国 16 世纪的国王艾西吉会战败，而被国王杀掉。每年这件体鸣乐器的鸟嘴部分都会像钟锣一样被敲打，来证明任何事情的决定权永远在国王手中。

通常情况下，鸟类象征经常来自它们特有的外表和这些外表所代表的特性。比如说，双头鹰不仅能传达一种威权感，还能代表王权的无所不在，因为它长了两个头，能看向两个方向。从中世纪开始，这个形象就和神圣罗马帝国联系在一起了，虽然它的起源远早于此，拜占庭帝国的统治者们也曾使用这个形象。在德国艺术家大汉斯·布克迈尔的木版画中，双头鹰庇佑着下方登上王位的神圣罗马帝国皇帝马克西米利安一世，后者下方的喷泉则由缪斯女神和其他神话寓言人物装饰。

左页图·左

帝王鹰

大汉斯·布克迈尔（Hans Burgkmair the Elder，1473—1531）

1507 年

德国

木版画

高 35.2 cm，宽 25 cm

左页图·右

鹦形体鸣乐器

约 1700—1800 年

尼日利亚贝宁城

黄铜

高 32.5 cm，宽 11 cm

下图

邓斯特布尔（Dunstable）天鹅珠宝

约 1400 年

制作于法国或英国

金、珐琅

高 3.4 cm

天鹅代表着很多截然不同的含义，它有时代表着忠贞的品质，有时代表着骑士精神，这在中世纪有关天鹅骑士的文学作品中尤为明显。天鹅也被用作某些贵族家族的象征，尤其是在 1399 年亨利·兰开斯特夺位之后，它便成为威尔士亲王的象征。这里的制服勋章可能代表了对兰开斯特家族的拥戴。

在古罗马神话中，孔雀是最尊贵的鸟类，它是众神之后朱诺的象征。它的尾部装饰是百眼巨人阿耳戈斯的眼睛，因为愚蠢的阿耳戈斯在看守朱诺的情敌——被变成一头白色小母牛的伊娥时，居然被众神使者墨丘利催眠，让墨丘利救走了伊娥。让·利穆赞（Jean Limousin）选择用孔雀和它代表的女神形象来制作这只华丽的珐琅瓶再合适不过了。

这座孔雀雕塑制作于伊朗卡扎尔王朝时期，上面刻有所罗门国王狩猎的场景。它完美地结合了王室的身份与信仰，可能是用于宗教仪式。

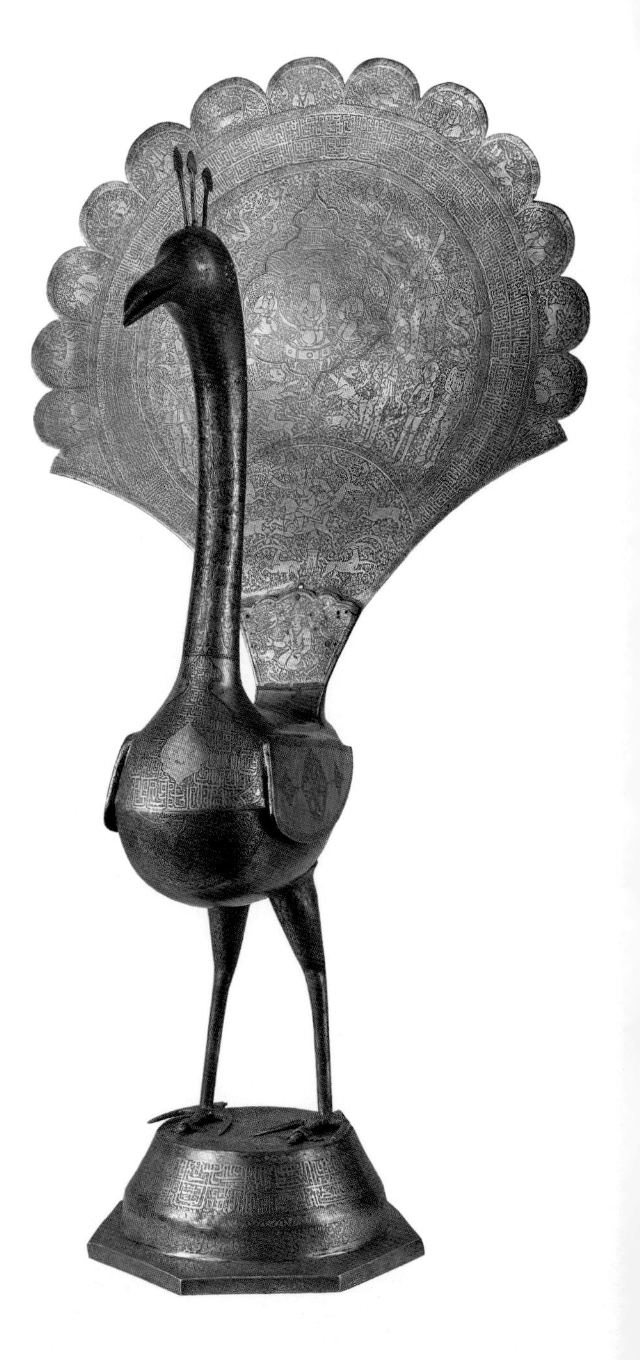

右图

孔雀形军旗或宗教旗

19 世纪

伊朗

钢、雕刻花纹带金涂层和镀金

高 89 cm

右页图

利摩日珐琅彩绘盐瓶

（传）让 · 利穆赞或约瑟夫 · 利穆赞（Joseph Limousin）

约 1600—1630 年

制作于法国利摩日

珐琅、金、铜

高 9.1 cm，底座直径 12.5 cm

I·L

作为一种长寿而且能浴火重生的鸟类，凤凰是独一无二的，它在任何时候都能生存。因此，它是一种承载着丰富象征意义的神鸟。它的独特而长寿的特征，复活和永生的能力，以及它重生时所体现的贞洁，都让英国都铎王朝女王伊丽莎白一世感到着迷。她因童贞而闻名，对自己的神圣君权深信不疑，并且在位近半个世纪。

上图和右页图

凤凰珠宝

约1570—1580年

制作于英国

金、珐琅

高4.9 cm，宽4.4 cm

凤凰在伊丽莎白一世的形象塑造中占有重要地位，这枚著名的金吊坠就是一个例子：女王半身像的反面浮雕就是一只浴火的凤凰。凤凰上方是女王名字缩写、皇冠和神圣的光芒，四周由精美的红白都铎玫瑰珐琅装饰。

凤凰形象还出现在纪念女王的这枚银章的背面，它进一步例证了该象征在伊丽莎白形象中的流行程度。然而，把这种传说中的鸟类作为象征的做法并非仅盛行于 16 世纪的英国，而是很久以前就存在了。它在中国的帝王意象中出现的频率也非常高。例如，这只清代盘子上就呈现了四位女子在露台见证一男一女（可能是皇帝和皇后）分别乘着龙和凤飞上天的场景，配合盘子边缘的祥云和鹳形花纹，象征帝王的龙凤不仅构成了一种很浪漫的画面，也象征了两性的和谐。

下图

铸银纪念章：正面为伊丽莎白一世半身像（右下图），反面为浴火的凤凰图案（左下图）

1574 年

制作于不列颠群岛

银

高 4.7 cm，宽 4.1 cm

右页图

绘有星月下男子御龙、女子乘凤图案的瓷盘

清代，1662—1722 年

中国景德镇

瓷、金

直径 36.7 cm

不同文化中的统治者们都曾尝试利用蛇所代表的再生之力（见第 140 和 166 页）。例如，代表王权的圣蛇像被用来装饰埃及法老的皇冠（第 196 页）。右图中镀金的直立眼镜蛇戴着下埃及地区的王冠“红冠”，它可能象征着蛇女神瓦吉特，而瓦吉特正是下埃及的守护神。这里的蛇具象化地表现了古埃及王权和神明之间的密切关联。虽然这件藏品看起来非常奢华，但它可能只是用作王室家具的装饰。

左页图

拉美西斯二世巨型雕像上部

古埃及第十九王朝，约公元前 1280 年

埃及象岛库努姆神庙

花岗岩

高 158 cm，宽 68 cm

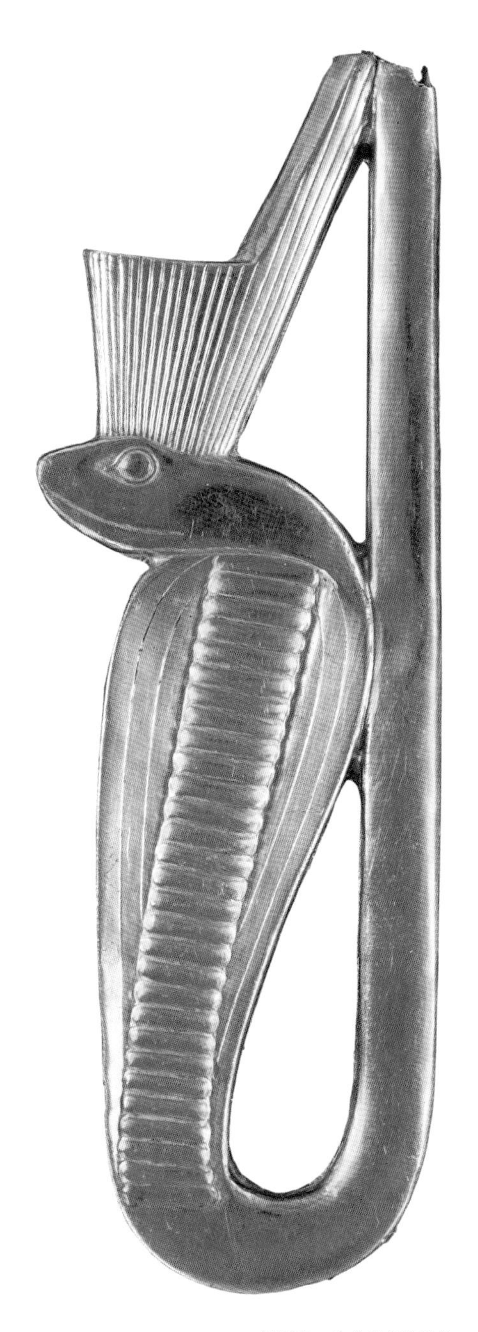

右图

头戴下埃及红冠的眼镜蛇金像

晚于公元前 600 年

埃及

金

高 17 cm，宽 5.5 cm

这条双头蛇的形象既可怕又十分别致。除了嘴部是红白贝壳马赛克的装饰，其他部分主要采用绿松石马赛克，而这是前哥伦布时期墨西哥阿兹特克人认为最珍贵的宝石。在举行各种重要的宗教和政治仪式时，阿兹特克国王会佩戴绿松石。因此，这件藏品可能是在这些仪式活动中佩戴于胸部或者有其他用途的物件。它的身体就像绿咬鹃的半透明羽毛那样闪亮，而它可能正是代表阿兹特克国王的羽蛇神的象征。羽蛇神结合了绿咬鹃和蛇的特征，其中鸟代表天，蛇代表地，两者结合在一起则象征着羽蛇神及其代表的国王所统治的宇宙。具有蜕皮和永葆青春能力的蛇是永生的有力象征。

右页的石雕描绘的是阿兹特克神话中的火蛇（Xiuhcoatl）似一道闪电般降临人间的时刻，它可能原本是一座庙宇外墙上的装饰。火蛇神长着蛇头，肢短而且带爪，尾巴则是阿兹特克文化中“年”的相关符号——一个太阳光线标志的三角形加两个套在一起的图案。火蛇神既是可怕的存在，也是一种复杂的象征。

下图

绿松石马赛克双头蛇

阿兹特克 - 米斯特克文明，约 1400—1521 年

墨西哥

绿松石、贝壳、木

高 20.3 cm

右页图

火蛇神雕像

阿兹特克文明，约 1300—1521 年

墨西哥特斯科科

石

高 77 cm，宽 60 cm

重生与永生

蛇之所以被用来代表永生，部分原因在于它具有蜕皮的能力（见第 140 页），部分归因于希腊文化中的乌洛波洛斯（衔尾蛇，希腊语直译为“吞噬尾巴”）母题。古人创造了似乎在吞噬自己尾巴的“衔尾蛇”形象，来象征无始无终的永恒。在这枚由赤铁矿制成的波斯萨珊王朝印章上，正中间是一头狮子、一颗星星和一弯新月，环绕它们的就是代表永恒的衔尾蛇。发现于庞贝古城的这枚蛇形金手镯虽然同样也是环形，但它没有吞噬自己的尾巴。之所以是环形，显然是由它作为手镯的功能所决定的。

左页图

刻有衔尾蛇环绕狮子的印章

波斯萨珊王朝，5—6 世纪

发现于伊拉克尼姆鲁德遗址东南宫

赤铁矿

直径 1.4 cm

下图

蛇形手镯

古罗马，1 世纪

发现于意大利庞贝古城

金

高 8 cm，宽 8.8 cm

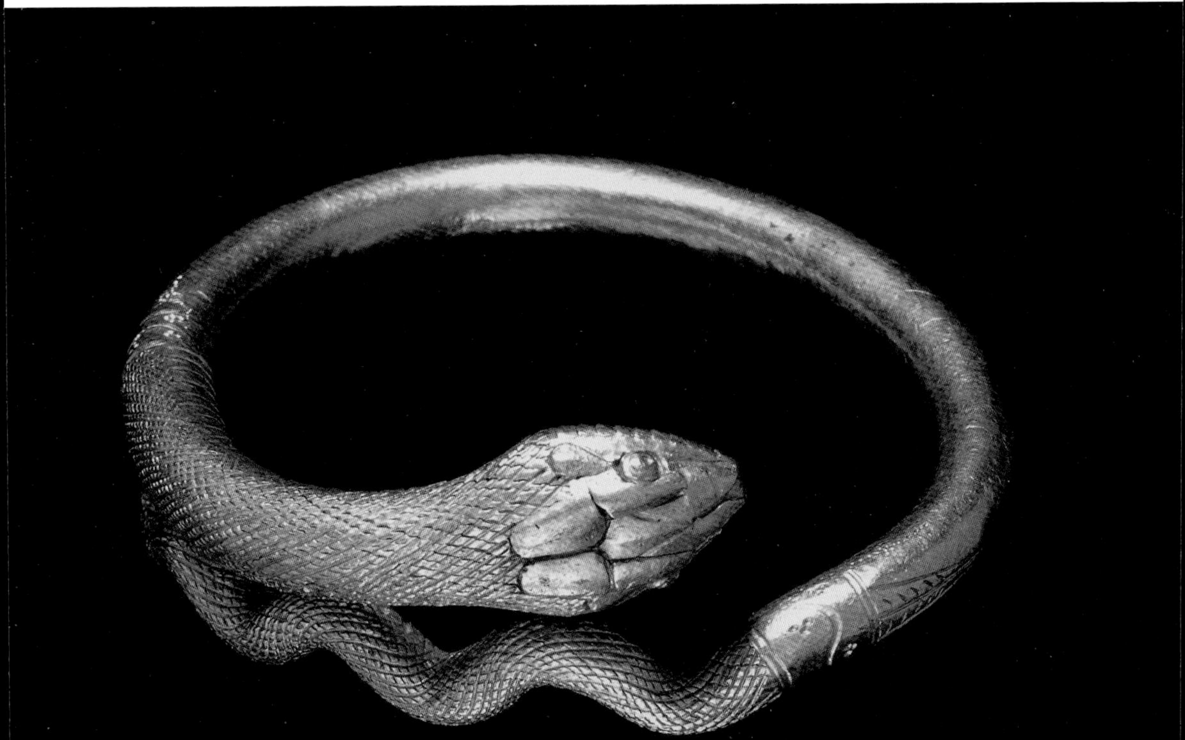

这座闪长岩纪念雕像呈现的是圣甲虫，古埃及人认为它象征着重生和升起的太阳。在一个创始神话版本中，新升起的太阳长着和圣甲虫一样的头，而且在象形文字中，“圣甲虫”的读音也有“产生”的意思。

圣甲虫纪念雕像
约公元前 400—前 300 年
土耳其伊斯坦布尔
闪长岩
高 90 cm，宽 119 cm，长 153 cm

作为一种重要的象征，圣甲虫被赋予了神奇的力量。下方的碧玉圣甲虫带金底座，刻有腿和毛，并且简单地雕刻出一张人脸，此类圣甲虫也被称作“心脏圣甲虫”。它的作用是在人们死后，灵魂受到审判时保护亡者的人格和智慧的住所——心脏。圣甲虫的力量是如此强大，以至于底托上的象形文字被故意毁坏，以防它们复苏并伤害亡者。这里它守护的是国王索贝克姆沙夫，因此它也被认为是现存最早的王室心脏圣甲虫。

索贝克姆沙夫二世的心脏圣甲虫

古埃及第十七王朝，约公元前 1590 年

埃及底比斯

金、绿碧玉

长 3.8 cm，宽 2.5 cm

下方这枚古埃及吊坠呈现的是一只张开双翅的圣甲虫，它正将日盘推向天际，底部纸莎草花中间还有一轮升起的太阳。通过展现黎明的场景，它象征着重生，同时它的形状还代表了国王森乌塞特二世某部分名字的象形文字。这件代表崇高地位的珠宝采用了“掐丝”（cloisonné）工艺，将半宝石镶嵌在金属丝花纹中。

埃及人将个人装饰和重要宗教象征完美结合的天赋在右页的刺猬像中也有所体现。这枚外形简约的彩陶作品有着高度非写实风格的刺，可能是用来装黑色眼影涂料的。刺猬的背上有个孔，可以插入小棒取用颜料，然后进行涂抹。追求美丽和虔诚的信仰并不冲突，和其他动物一样，这只刺猬似乎也体现了人们对永生的追求。因为刺猬能在沙漠生存，而且能在漫长的冬眠之后醒来，所以它也经常在不同场景中被用作重生的象征。

下图

圣甲虫吊坠

古埃及第十二王朝，森乌塞特二世在位时期

约公元前 1897—前 1878 年

埃及

琥珀金、青金石、绿长石、光玉髓

高 1.8 cm，宽 3.5 cm

右页图

刺猬形罐

古埃及第二十六王朝，约公元前 700—前 500 年

埃及

釉面

高 5.2 cm，宽 3.7 cm，直径 6.6 cm

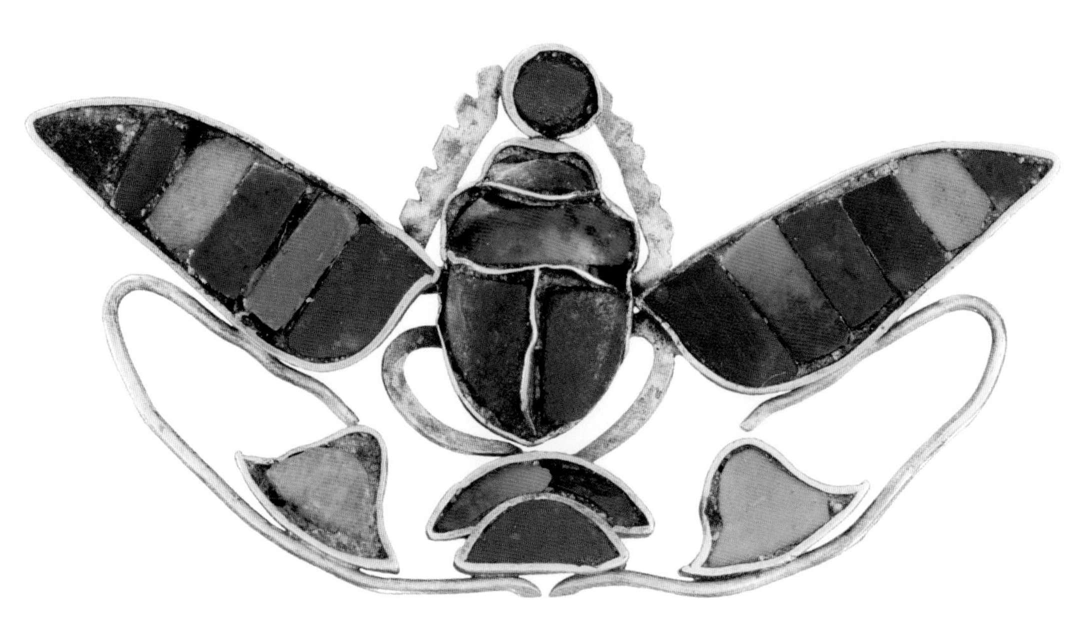

内巴蒙花园

古埃及第十八王朝，约
公元前 1350 年
埃及底比斯
石膏彩绘
高 64 cm，宽约 73 cm

内巴蒙墓穴有很多精美的壁画，其中就包括左页这幅鱼儿成群游在花园池塘的湿壁画。内巴蒙是埃及新王国时期的一名神庙书记官（第 24 页），这些壁画不仅再现了亡者生前曾享受的尘世欢乐，也充满了葬礼象征。在这幅壁画中，最重要的一处细节是鱼的种类——罗非鱼，下方这只罕见的鱼形玻璃瓶也采用了这一形象。雌性罗非鱼为了保护后代，会将鱼卵含在口中孵化，有时甚至幼鱼也会受到这种庇护。古埃及人把罗非鱼这种能吐出活鱼的能力看作重生的象征。

鱼形瓶

古埃及第十八王朝，约公元前 1360—前 1340 年

埃及阿马尔那

玻璃

长 14.1 cm，宽 7 cm

性别和性

在中国和日本，鲤鱼是男性毅力的象征，因为鲤鱼代表了力量和决心。右页来自中国苏州的木版画中呈现的是鲤鱼跃起的画面，寓意参加科举考试的这位儒生能一举高中。歌川广重（Utagawa Hiroshige）的版画则描绘了骏河台武士区悬挂的彩色鲤鱼旗迎风飘舞的场景，这是日本仲夏男孩节的祈福习俗。伴随着19世纪日本幕府将军和武士阶层政治势力的衰落，那些原本靠制作盔甲为生的家族开始转而制作带鳞类动物的“铰接”式铁雕（或称“自在置物”），例如爬行动物和下方的这件鱼类作品。

右图

水道桥骏河台

歌川广重（1797—1858）

1857年

日本

彩色木版画

高36 cm，宽24 cm

右页图

鲤和燕（局部）

清代，约1644—1753年

中国苏州

木版纸画

高59.7 cm，宽28.8 cm

下图

铰接式鲤鱼雕像

明珍宗赖（Myochin Muneyori）

约1800—1850年

日本

铁镶金

长44.1 cm

很多文化都把长着角的动物看作男性气概的象征。这块来自苏格兰皮克特族群的伯格黑德公牛立石可能是一块纪念石碑，公牛的力量和攻击性都说明它应该和尚武信仰有关。在西非的贝宁文化中，公羊也是男性气质的象征，如右侧的青铜山羊水罐。

在很多社会中，种植烟草和养牛都被认为是典型的男性活动，在南非的科萨族中也是如此。右下方的作品中，科萨艺术家制作了精美的公牛鼻烟盒。这头公牛体格健硕，长着长长的牛角。在科萨文化中，使用鼻烟盒似乎还具有一种仪式功能，是和祖先们交流的一种方式。这件手工艺品的制作原料包括牛血、牛毛和牛皮，它们可能来自被献祭的牛。因此，它不仅仅是一件休闲配饰，更是一种对身份、地位和宗教信仰的强有力表达。

左页图

伯格黑德公牛

约600—800年

苏格兰莫里郡伯格黑德

石

高53 cm

右图·上

公羊形罐，羊头后方为罐口，带罐盖

约1500—1600年

尼日利亚贝宁城

黄铜

高34 cm，宽12.5 cm

右图·下

公牛鼻烟盒

约1850—1899年

据记载来自科萨

牛的筋、血和毛皮

高9.8 cm，宽7.5 cm

在很多文化中，野猪似乎也是男性力量和勇气的象征。盎格鲁 – 撒克逊时期的萨顿胡船葬古墓遗址出土的文物中，包括这对引人瞩目的金肩扣，它来自某件遗失的盔甲。它的主要图案在肩扣两端的圆形部分，呈现的是两头背对背蹲伏交缠的野猪，这可能既象征着已故战士的刚强，又体现了他的地位和财富。野猪主体采用“掐丝”工艺将石榴石镶嵌入金制花纹中制成，髋关节部分使用的是千花玻璃，獠牙部分使用的是蓝色玻璃。

镶有石榴石（掐丝工艺）和玻璃的金肩扣

560/570—610 年

发现于英国萨福克郡萨顿胡船葬 1 号堆

金、玻璃、石榴石

长 12.7 cm, 宽 5.4 cm（成对）

铜合金野猪雕像

约公元前 150—前 50 年

发现于英国伦敦豪恩斯洛文物堆

铜合金

长 4.8 cm（前方雕像），

长 7.2 cm（后方雕像）

这些铜合金野猪雕像来自伦敦西部的铁器时代文物堆，制作年代比萨顿胡船葬文物要早 7 个世纪。它们最初可能是头盔或者容器上的附件。这些雕像很生动地呈现出野猪的形象：猪鼻子平平的，猪耳朵前倾弯曲，猪背部略微拱起，有明显的脊状突起。

独角兽是神话传说中的一种虚构生物。从古代直到近代早期，独角兽都以其超自然力量，尤其是兽角的解毒功能著称。独角的外形使得人们常把它和独角鲸弄混，这种形象本身就是男性的象征，但事实上独角兽代表的意义远不止于此。中世纪时，独角兽成为“典雅爱情”（countly love）的重要象征。例如，右页图中制作于14世纪巴黎的这只象牙盒上，除了呈现崔斯特瑞姆与伊索尔特的爱情故事和围攻爱之城的场景外，也刻有独角兽。在放大的细节图中，我们可以看到独角兽已经被猎人刺穿，而此时它抱着一名坐在树下的女子。

右图

饰有独角兽头部的胸针

约1500—1600年

发现于英国布里斯托

骨

长9 cm

右页图（右页下方为细节放大图）

象牙盒

约1325—1350年

制作于法国巴黎

象牙

长21 cm，宽13 cm

独角兽的传说在署名为E.S.的版画中则有着不同的侧重点。在他的作品中，抚摸独角兽的不是贵族女子，而是一个浑身长满毛的女野人。不过，法国版画家让·杜维（Jean Duvet）创作的系列版画又重申了独角兽象征的典雅特质。这些版画展现了独角兽如何从一头代表男性攻击性的猛兽变成纯洁和高贵的典范。在被驯服前，这只独角兽正在攻击一群猎人，国王和骑兵吓得逃回城中；然而，一旦它遇到了少女，就变得格外温顺，静静地倚靠在少女腿上，任凭猎人们把它绑到树上。因为故事所

体现的自我牺牲精神，它也经常被解读为耶稣道成肉身、圣母玛利亚受圣灵感孕，以及耶稣受难和复活的一种表达。

左页图

抱着独角兽的女野人

署名为缩写 E.S.（1420—1468）

1450—1467 年

德国

雕版画

高 9.8 cm，宽 6.8 cm

下图

独角兽系列

让 · 杜维（1485—1562）

1545—1560 年

法国

雕版画

高 23 cm，宽 39 cm

独角兽系列

让 · 杜维（1485—1562）

1545—1560 年

法国

雕版画

高 23.7 cm，宽 38.4 cm

第五章

混种异兽
与神话传说中的
怪兽

阿根廷作家豪尔赫·路易斯·博尔赫斯曾写道："就像我们对宇宙的意义一无所知一样，我们对龙的意义也一无所知。然而，龙的形象具有某种能吸引人类想象的东西，因此我们在不同的时代和地域都能发现龙的存在。"虽然很多的文化都赋予了龙重要的意义，但是它所代表的含义却可能迥然相异：在中国龙象征着吉祥，而在西方，龙却代表了毁灭。

有时，即使最危险的神兽都可能具有某种作用。对所罗门群岛上的人来说，混合了人类和鱼类形态特征的海怪（第 235 页）就像他凶恶的外表那样危险。不过，正是这种特征让他变成了酋长居所的最佳保卫者，人们会把他挂在酋长房子的外面。在有些古代社会中，作为守护者的斯芬克斯（狮身人面兽）也同样既让人惧怕又让人敬畏。在希腊神话中，斯芬克斯拦在底比斯城附近，过往路人一旦猜不出她的谜语就会被吃掉，直到她遇到了俄狄浦斯。这些具象化地表现了人们原始的恐惧，也表达了人们希望把自身的恐惧转移给敌人的愿望。

在很多文化中，人们对怪兽的信仰都在减弱，但是它们仍然承载着强烈的寓言意义，比如威廉·布莱克（William Blake）在给著名的海军将领纳尔逊描绘的"精神肖像"中的怪兽利维坦。如果抛开道德寓意，这些怪兽们不过是奢华的视觉娱乐和消遣，例如珍珠做的海龙（第 243 页）。人们很久以前便否定了这些异兽的真实存在，即使如此，我们也不得不承认这种"必不可少的怪物"（博尔赫斯形容整个龙族动物时所称）仍能激发人们的想象和美感。

时至今日，人们似乎依然能感受到混种异兽和神兽所具有的魅力，就像右页作品所呈现的一样。在这幅作品中，传承了特立尼达文化的英国艺术家给来自传统祖先灵魂信仰的踩高跷舞者（Moko Jumbie）加上了翅膀，把他变成了一半是守护者一半是猛禽、身份不明确的形象。

高跷舞者
扎克·奥韦（Zak Ové）
2015 年
英国伦敦格林尼治
钢、塑料、纺织物、铜、木、皮
高约 4 m

守护者

混种异兽往往被认为具有守护的力量。它们的人形面容与被其保护的人们相似，而它们动物的身体又表明其具有超凡的能力。左页这座努比亚狮身人面像中人脸的原型可能是埃及法老，公元前 8 世纪至前 7 世纪统治埃及的库施国王塔哈尔卡。这座雕像可能是用于守护一座位于苏丹卡瓦神庙遗址中的神殿。

下面这座来自亚述古城尼姆鲁德的拉玛苏（亚述文化中半人半兽的怪物）雕像事实上是由三种动物组成的：长胡子的人脸、公牛的身体和鸟的翅膀，其中羽毛、毛发和牛蹄都极尽石雕所能达到的精细度。这种雕塑曾被成对安放在大门两侧，这里它被雕刻了 5 只脚，从侧面的各个角度都可以看到至少 4 只。雕像十分巨大，但这并非就意味着它庞大的身躯一定会让路过的每一个人感到惧怕。例如，门外的守卫有时用下棋来打发时间，偶尔还会在拉玛苏雕像的底座上刻格子。

左页图

塔哈尔卡的狮身人面像

库施王国，约公元前 680 年

苏丹卡瓦神庙

花岗岩

高 40.6 cm，长 73 cm

左图

人面牛身双翼兽像

约公元前 865—前 860 年

伊拉克尼姆鲁德西北宫

石膏

高 309 cm，长 315 cm

这座狮身人面像雕刻于埃及中王国时期法老阿蒙涅姆赫特四世在位时期。它古老的历史反映出这种神话动物经久不衰的魅力。这座雕像带有很多该时期的典型特征，比如说它胸部鬃毛样的花纹，但是，它的头部和身体在比例和风格上都存在显著的差异。这是因为它的某些部分被重新雕刻过（可能发生在 1 500 多年后的托勒密王朝时期），鬃毛的上部变成了织物头巾，雕像整体也可能从太阳城（Heliopolis）搬到了亚历山大港。

狮身人面兽作为常见的守护者具有很多功能。与其他俯卧状的石像不同，右页的这座狮身人面像，或者说人头猫，是由木头制成的。它可能是某个王室家具的腿部，或者是用于保护女性顺利生产的守护雕像。

下图

阿蒙涅姆赫特四世狮身人面像

古埃及第十二王朝，约公元前 1786—前 1777 年

黎巴嫩贝鲁特

片麻岩

高 38.1 cm，宽 20.2 cm，长 58.5 cm

右页图

狮身人面形葬礼床床腿

古埃及第二十五王朝，约公元前 800—前 600 年

苏丹或埃及

木

高 42.3 cm，宽 7 cm

这只金碗中每一个长着翅膀的狮身鹰面兽都戴着象征王权的圣蛇像，以及代表上埃及和下埃及的双冠（第 164—165 页）。它们的前爪都放在一个人的头上，每对狮身鹰面兽之间是一根纸莎草式柱子，柱子上端是一只长着翅膀的圣甲虫举着一轮带有双圣蛇像的日盘。虽然这只金碗发现于亚述古城尼姆鲁德，并且可能制作于腓尼基，但碗上图案的埃及特色非常显著。这说明即便在政治势力衰落的时期，埃及的文化影响力也是巨大的。

上图・左

刻有四对长翅膀的狮身鹰面兽的碗（局部）

约公元前 900—前 700 年

出土于伊拉克尼姆鲁德西北宫

铜合金

直径 21.7 cm

上图・右

塔沃里特女神坐姿木雕像

古埃及第十八王朝，图特摩斯三世或霍伦海布在位期间

约公元前 1300 年

埃及底比斯

木、树脂

高 32.5 cm，宽 17 cm

上图 · 左

坐在王位上的公羊头神木雕像

古埃及第十八王朝，图特摩斯三世或霍伦海布在位期间

约公元前 1300 年

埃及底比斯

木、树脂

高 57 cm，宽 40.5 cm

上图 · 右

羚羊头守护神木雕像

古埃及第十八王朝，图特摩斯三世或霍伦海布在位期间

约公元前 1300 年

埃及底比斯

木、树脂

高 37.3 cm，宽 40 cm

发现于帝王谷王陵的这三座守护动物木雕都非比寻常。它们都是人身兽头——分别是河马头、公羊头和羚羊头，最初雕像的外部可能覆有亚麻布和石膏，而且涂有黑色颜料。它们和在墓穴墙壁上常常能看到的那些手握刀和蛇的人像很相似，而且这只公羊头神兽可能最初手里也握着刀和蛇。它们的作用可能是在某些过程中驱赶恶魔，比如在木乃伊的制作中或者亡者通往来生的仪式上。

左页图

奥克苏斯宝藏堆的格里芬头式样金臂镯

约公元前 500—前 300 年
塔吉克斯坦塔赫提库瓦德地区
金
高 12.3 cm，宽 11.6 cm

格里芬是一种神话中的狮身鹰首兽，它长着狮子的身体、尾巴和后腿，老鹰的头、翅膀和爪子。和其他混种异兽一样，格里芬也被赋予了守护的职能，它由两种捕食者结合而成的形象非常适合履行这一职能。特别是在这枚铸造于潘提卡彭（位于克里米亚的古希腊城市）的金币上，我们能明显看出它的凶猛。格里芬图案在金币的背面，它正面朝外，嘴里叼着长矛，站在一根玉米穗上。

虽然外貌凶恶，格里芬经常被用作装饰性图案，并且会增加一些繁丽的细节，比如左页这枚金臂镯上弯曲的兽角。这件作品发现于中亚塔吉克斯坦奥克苏斯河支流的宝藏堆，它原本应该还镶嵌着玻璃和半宝石。它的设计风格表明其制作于阿契美尼德王朝时期的波斯，在那里这类珍贵的饰品经常会被用作贡品。

下图

嘴里叼着长矛的格里芬金币（反面）

约公元前 340—前 325 年
铸造于古潘提卡彭
金
直径 2.2 cm

格里芬头空心青铜像
约公元前 700—前 600 年
制作于古希腊东部
可能发现于希腊罗得岛
青铜
高 32 cm

中世纪的人们认为，如果圣人能把受伤的格里芬治好，就会获赠它的一只爪子作为回报。这或许能解释为什么 1383 年会有文献记载达勒姆大教堂圣卡斯伯特圣龛中存有格里芬的爪子和蛋。在 14 世纪，人们经常把格里芬和鸵鸟、犀牛等不常见的，或者野山羊等较常见的动物混为一谈。而下图作品口部的银圈刻有“格里芬爪，献给神圣的达勒姆的卡斯伯特”字样，这里所谓的格里芬爪正是阿尔卑斯山野山羊的羊角。银圈部分制作于 16 世纪末 17 世纪初，不过这可能是换掉原来铭文重新安上去的。

左页的青铜格里芬鹰头雕像原本是一口锅的外部装饰，它采用的是公元前 7 世纪希腊艺术所盛行的东方化风格。它的样子很奇特：嘴部锐利，耳朵又长又尖，脖子则像爬行动物那样弯曲。虽然只是作为烹饪餐具的附件，但它高度的艺术性体现在从鳞片到眉毛的每个细节。

带铭文的野山羊角
约 1575—1625（银圈部分）
发现于英国达勒姆圣卡斯伯特圣龛
野山羊角、银
长 71.1 cm

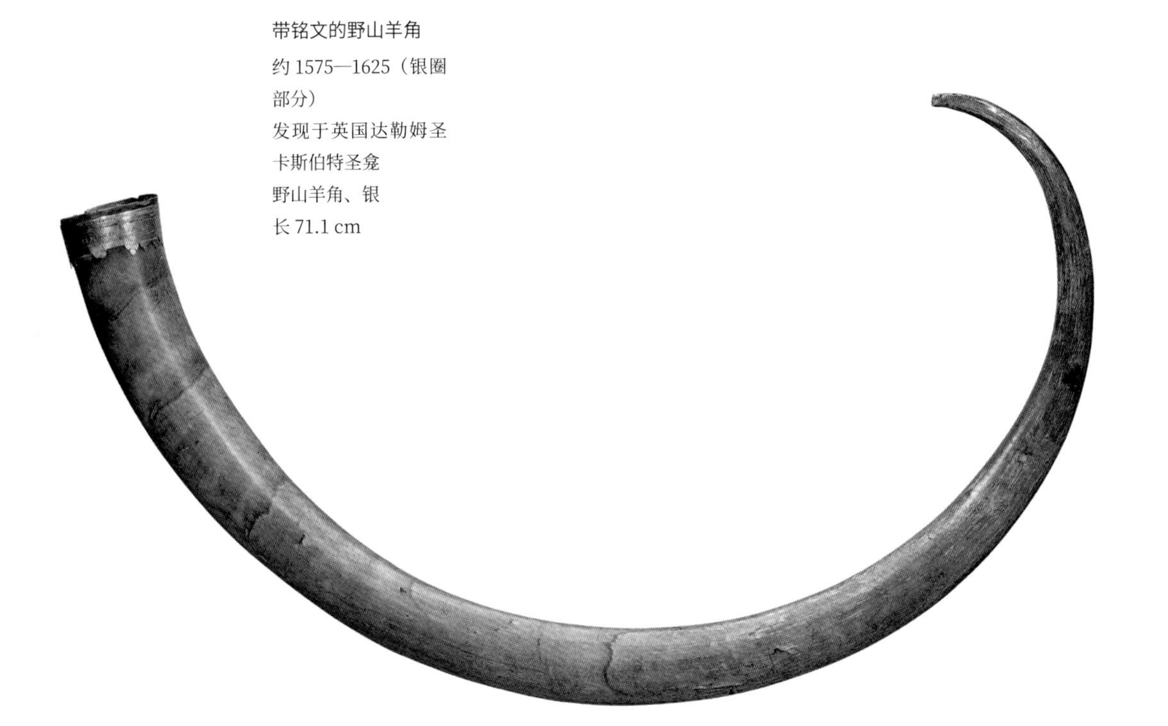

在印度教、佛教和耆那教中，那伽（蛇形兽）和迦楼罗（传说中的大鹏金翅鸟）一直被视为一对天敌。然而，它们却同时出现在下面这件制作精美的爪哇乐器——共鸣筒铜排琴（gendèr）上，该打击乐器由一套竹质共鸣器和上方十一个青铜键组成。它的正面是华丽的大鹏金翅鸟装饰，两侧则是戴冠的那伽蛇。

那伽是佛教中的守护兽，因此它经常被放在庙宇的入口和佛祖像的周围；此外，它们也被看成连接天和地的纽带，故而用作楼梯扶手的装饰。右页图中，长着三个蛇头的那伽从另一个混种异兽的口中一跃而出，它们共同守护着神圣的庙宇。

左页图

共鸣筒铜排琴，饰有大鹏金翅鸟和两只戴冠的蛇形兽

18 世纪中期—19 世纪早期

印度尼西亚爪哇岛

木、漆、金、青铜、竹

高 74 cm，宽 134 cm

右图

长着三个蛇头的那伽从摩伽罗口中跃出的青铜扶手

约 1460—1490 年

泰国彭世洛府帕西雷达纳玛哈泰寺（Wat Phra Sri Rattana Mahathat Temple）

金、青铜

高 95.4 cm，宽 65 cm

虽然来自不同的文化，这些凶恶的雕像都是为了驱赶邪恶力量。右页的龙形木雕在1934年发现于比利时的斯海尔德河，最初人们认为它来自维京时代的海盗船，但是放射性碳分析测定它其实是罗马帝国晚期一艘船的船头装饰。

其他两座雕像的形象内涵更为复杂矛盾。下方这块面目狰狞、类似面具的瓦片来自古代朝鲜半岛的新罗国首都（今韩国庆州），它常常被看作是龙，但有时也被看作狮子或者鬼怪。它在高高的庙宇顶上怒视着下面的一切，赶走邪恶的妖魔，起到守护庙宇的作用。右下方唐代墓穴大陶像（描述也见第72页）所呈现的动物就更奇特了。头部像龙，翅膀和身体都长着奇怪的尖刺，这是一尊外表凶狠的守护神。同时，因为长着分趾蹄，也有人认为它是中国神话中的瑞兽麒麟（第212—213页）。

右页图

船头装饰

约300—500年

发现于比利时东佛兰德省阿佩尔斯（Appels）附近的斯海尔德河

橡木

高149 cm

下图·左

鬼面瓦片

约600—800年

制作于庆州，发现于韩国崇福寺（Sungbok Temple）

陶

高28.6 cm，宽22.6 cm

下图·右

三彩镇墓兽

唐代，约728年

中国洛阳

陶

高95.5 cm

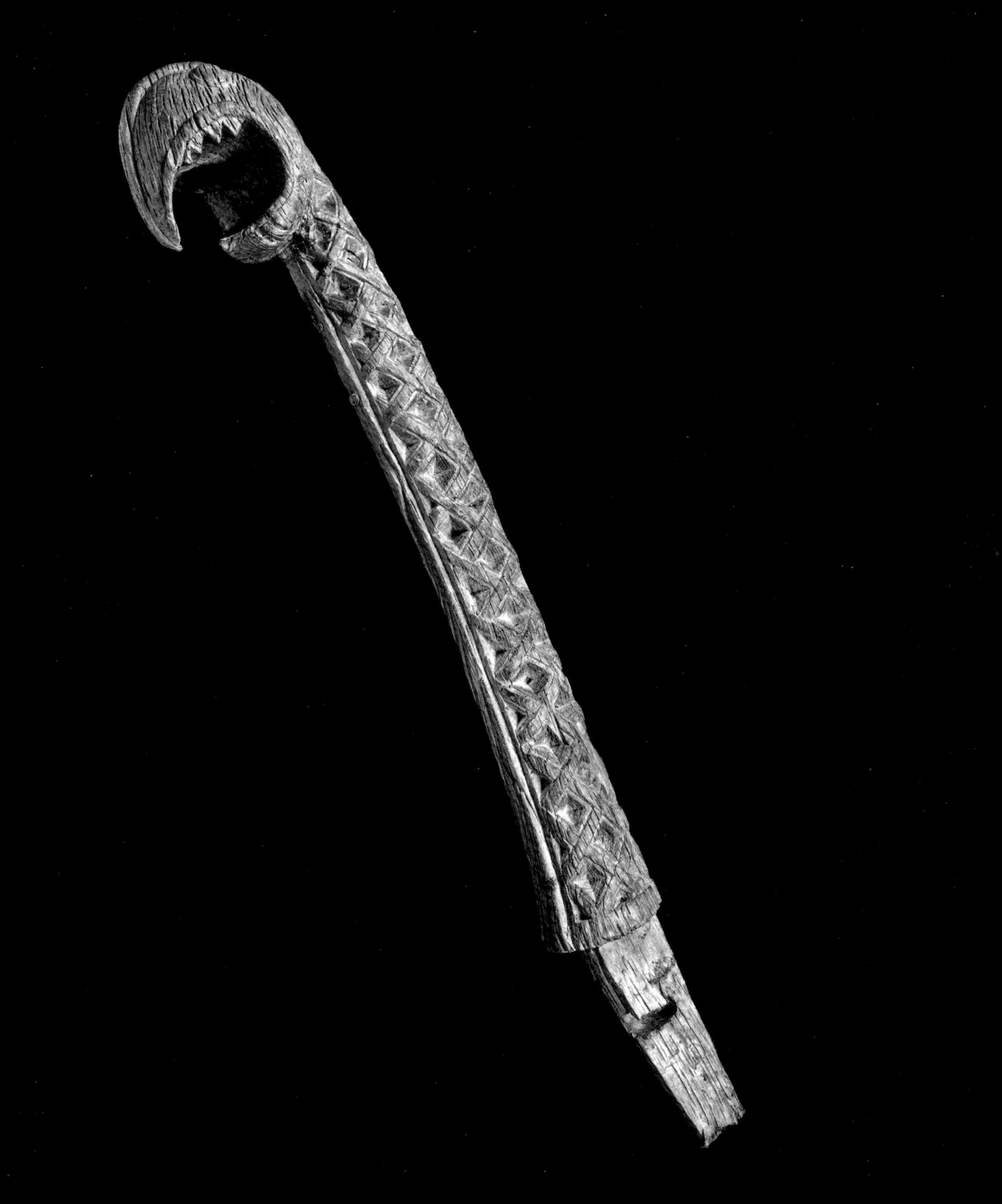

左页图

真鹿角楚墓守护神雕像

东周时期，约公元前 400—前 200 年
中国湖南长沙
木、鹿角
高 43.7 cm

下图

红鹿鹿角头饰

约公元前 8000 年
英国皮克林山谷斯塔卡
鹿角
高 15 cm

萨满教中一些具有特殊能力的萨满能和神灵交流，这时他们经常会把动物的某些身体部位穿戴在身上。左页的这座长着漆鹿角的古代木雕可能就代表了这种做法，它可能是中国南部楚国某座坟墓的守护雕像。下方的头饰来自石器时代，它由红鹿的头骨和鹿角制成，也可能是一种类似萨满仪式的道具。不过也有人推测它可能是人们打猎时佩戴的一种伪装，佩戴的方法可能是用皮条穿过鹿头骨上的小孔，然后系起来。在英国约克郡的斯塔卡中石器时代遗址中，除了这件藏品之外还有 20 件类似的物件。

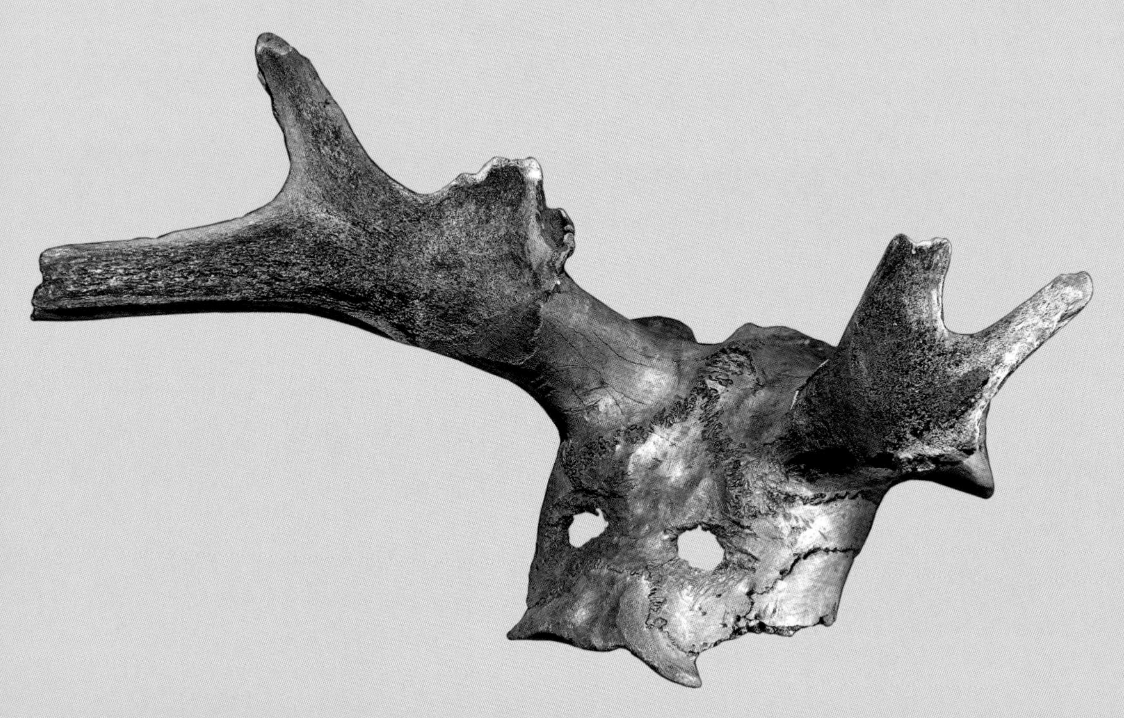

带来好运的瑞兽

中国和朝鲜等东亚社会认为龙能带来好运。中国人认为龙代表了帝王的威严，常常在奢华的物品上使用龙形图案作为装饰，例如右下方这只罕见的元代浅盘，上面就印有龙戏珠的图案。右页这尊朝鲜王朝晚期的瓷瓶上呈现的是双龙在云间飞翔的画面，这个主题当时在民间和宫廷都很盛行。瓷瓶使用了一层淡淡的钴蓝色颜料，上面龙的形象很奇特：眼睛向外突出，嘴巴张得很大，似乎对什么东西垂涎欲滴。

龙和凤都代表着吉祥，因此左下方的这枚清代铜制吉祥饰物使用龙凤图案再合适不过了。虽然看起来像一枚铜钱，但它可能是用来祝福婚姻和谐美满的饰品。龙凤分别代表了男和女，因此龙凤的结合也完美地契合祝福婚姻的主题，就像它背面的文字所表达的一样——“正德”。

下图・左

刻有龙凤图案的钱币形饰品

19 世纪

制作于中国

青铜

直径 10.3 cm

下图・右

上有龙戏火焰珠的蓝色釉盘

元代，约 1330—1368 年

中国景德镇

瓷

高 1.5 cm，直径 15.2 cm

右页图

上有龙和祥云图案的罐

约 1800—1900 年

朝鲜

瓷

高 50.2 cm，（最）宽 29.1 cm

下方这座铰接式铁雕让龙这种能带来好运的神话动物显得格外迷人，它最初可能是放置在客厅壁龛的摆件。龙爪等很多龙的身体部位都是活动的，这也展现了早期日本武器匠人的精湛工艺。伴随着 1868 年德川幕府的垮台，长期主导日本社会和经济的尚武文化开始衰落，这些原本精于制作武器的日本匠人不得不转向其他艺术形式。

印度神话中的象头神伽内什在日本被称作“欢喜天”，主要象征财富。“欢喜天”通常以紧紧拥抱在一起的一对象头人身夫妇的形象出现，其在寺庙里常被藏在圆筒中，仿佛是为了避免信徒们看到后不好意思。右页展示的是从其中一个欢喜天背后观赏到的画面。

铰接式龙形雕像
明珍清春（Myochin Kiyoharu）
18—19 世纪
日本
镀金铁
高 11.9 cm，宽 9.2 cm，长 33.6 cm

两象相拥式欢喜天神像

19 世纪

日本

青铜

高 4.25 cm

在中国文化中，麒麟是能带来好运的瑞兽，不过它常常以很多完全不同的形象出现，有时像鹿或者独角兽，有时又像龙或者狮子。它会出现在不同的情景中，起着不同的作用。例如，在这些藏品中，我们看到它有时出现在灯台上，有时出现在彩色瓷器书桌摆件上，摆件的下部可能是一个用来装墨锭或毛笔的盒子。

神兽白泽在日本神话中被描述为人头牛身，脸上长着三只眼，背上长着很多牛角。人们认为它能抵挡厄运和危险，于是经常在外出旅行时带着它们，晚上睡觉时放在枕头边。右图中的根付也长着纷繁华美的尾巴和三只眼睛，可能也是用来辟邪的。

上图
青铜灯台
约 1735—1795 年
中国北京或承德
木、漆
高 56 cm

左页图
浮雕屏风式样书桌摆件
明代，约 1540—1600 年
中国景德镇
瓷、金
高 27 cm，宽 12.7 cm

右图
白泽根付
落款为“正直”
18 世纪晚期
日本京都
象牙
高 3.6 cm，宽 4 cm

死神使者

在欧洲文化中，龙往往代表着黑暗和死亡，经常出现在和圣乔治等基督教英雄的激战中。左页的藏品在 1400 年左右制作于俄罗斯诺夫哥罗德城，它和同主题的其他作品存在显著差异，例如，这里的马是黑色的，而不是浅色的，而且也没有出现圣乔治所解救的公主。不过它强大的表现力和鲜明的色彩对比足以让其成为同类主题作品中的经典。

龙和贞女之间的经典之战在中世纪法国这座安提俄克的圣玛格丽特（St Margaret of Antioch）雕像中得到了很好的体现。根据记录基督教圣人生平的《黄金传说》记载，圣玛格丽特因为信仰基督教而受到一名罗马高级官员的残酷折磨。她经历了很多奇迹，其中一个便是在被化身为龙的撒旦吃掉后又活着逃出，因为她手里拿的十字架刺激了龙的内脏。虽然《黄金传说》仅将这个故事作为传闻描述，不过这个时期的艺术作品中还是经常出现这个主题。

左页图

圣乔治像（或“黑色乔治像”）

约 1400—1450 年

来自俄罗斯西北部依林斯基村

木、金、石膏

高 77.4 cm

右图

安提俄克的圣玛格丽特小雕像

约 1325—1350 年

制作于法国巴黎

彩绘镀金象牙

高 14.5 cm

左页雕像中的这个有着女性特征，像鸟一样的怪物被人们称为“哈耳庇厄”（鹰身女妖）。在希腊神话中，风神负责执行神明的审判，而“哈耳庇厄”则是风神的使者。事实上，她们更有可能是用歌声引诱船员和船只毁灭的海妖塞壬。荷马在描写古希腊神话中英雄奥德修斯的历险时，曾提到奥德修斯让船员将自己绑在船只的桅杆上，才得以抵御塞壬迷惑人的歌声，因此幸免于难。下面这只来自阿提卡，由所谓“塞壬画家”制作的红色图案花瓶便是描绘这一事件的著名作品。

左页藏品中的塞壬并没有让船员们走上不归路，而是将灵魂送往冥界，因为她们是位于桑索斯（古利西亚最重要的城市，今土耳其境内）的一处墓穴的装饰。她们的海妖身份也许是她们被当作灵魂护送人的原因之一，因为墓穴的主人利西亚国王柯比尼斯（Kybernis）就曾是一名海军指挥官。她们的混种特点表明其具有超凡的能力，虽然她们自己不是神明，但却是神界的使者。

左页图

鹰身女妖陵墓大理石浮雕

古希腊，约公元前 480—前 470 年
制作于希腊利西亚
发现于土耳其桑索斯
大理石
长 61 cm

左图

塞壬花瓶

古希腊，约公元前 480—前 470 年
制作于希腊阿提卡
据说来自意大利武尔奇
陶
高 34 cm

曾经生活在意大利中部的古伊特鲁里亚人创造了很多源自希腊艺术和神话，但又极具特色的形象。在这只绘有黑色图案的双耳瓶上，做着手势、环绕瓶身前行的塞壬几乎要超出分配给她们的空间，其他的传统鸟类只能放在上方靠近瓶颈的肩部。

可能是为了保持平衡，右页这座古典希腊青铜像呈现的则是一个静态的、像鸟一样站立的塞壬形象。它双爪并拢，支撑着整座雕像的重量，显得很庄重。雕像中的塞壬戴着珠子项链和头带，进一步增强了她的高雅气质。

右图

上有五个黑色塞壬像的双耳陶瓶

古希腊，约公元前 520—前 510 年
制作于意大利
发现于意大利博尔塞纳
陶
高 40.5 cm

右页图

塞壬像

古希腊，约公元前 460—前 450 年
青铜
高 9 cm

左图·上

浅浮雕鹰像

阿兹特克文明，约1300—1521年

墨西哥

安山岩

高20 cm，宽28 cm

左图·下

蜷伏的老鹰装扮的战士样式祭祀刀具

米斯特克-阿兹特克文明，约1400—1521年

墨西哥

木、绿松石、孔雀石、贝壳

高10.3 cm，长32.3 cm

右页图

双嘴桥型陶制器皿

纳斯卡文明，约公元前100—公元600年

秘鲁纳斯卡

陶

高31 cm

墨西哥的阿兹特克人认为老鹰是太阳神托纳提乌的象征。这座浮雕石像一个很特别的地方在于，老鹰是转头看向后方的。这和阿兹特克文化中的太阳神崇拜有关，因为战士们在祭献献给太阳神的祭品时，会装扮成老鹰的样子。左页的刀具便展现了一个由绿松石、孔雀石和贝壳制成的鹰战士形象，他蜷伏着身体，紧紧握着刀柄。这个雕像很生动地表现了仪式中祭祀者挥刀的场景。

来自秘鲁纳斯卡文化的这只双嘴罐上描绘的是人祭，更具体来说是砍头，砍掉的人头被一只长着人脸的鸟叼在嘴里。这只鸟戴着王冠，说明它是纳斯卡人所敬畏的神灵。至今，纳斯卡人的后代仍然认为像秃鹰这样的鸟类，是他们信奉的神灵的化身。

41552

豺头人身的阿努比斯是古埃及的冥界之神，它和葬礼仪式有着尤为密切的关联。在右侧这幅《呼吸之书》（一本引导亡灵的咒语集）的插图中，我们看到他正在将一位亡者做成木乃伊。他通常被描绘成半豺半人，但有时也会以豺的形象出现，就像右下方这枚胸饰上所呈现的一样。胸饰的左上方还刻了一只“维阿杰特”（圣眼）。它的颜色（黄色和蓝色）代表着复活，强调了阿努比斯让亡灵获得永生的重要作用。

索卡尔是一位长着猎鹰头的神，身兼多重复杂的重要职责，包括在葬礼仪式中的重要作用。左页图中，装有老鹰木乃伊的彩色木棺外形酷似索卡尔，木乃伊缠的绷带上放着欧西里斯的蜡面具。欧西里斯是古埃及的冥王，与索卡尔神有所关联。将鸟的形象与神的形象结合起来的做法表明，埃及人认为大自然和神明之间有着密不可分的联系。

右图・上

凯拉肖尔《呼吸之书》中的木乃伊制作插图

奥古斯都在位期间，公元前27—公元14年

埃及底比斯

纸莎草

高27.9 cm，宽86 cm

右图・下

神庙大门形胸饰，刻有豺形的亡灵之神阿努比斯和带翅膀的圣眼

古埃及十九王朝，约公元前1250年

埃及

釉面

高11 cm，宽10.6 cm

左页图

内有老鹰木乃伊的彩色木棺

古埃及后期，公元前664—前305年

埃及

木、蜡、亚麻布

高58.4 cm

科佐（Kozo）是刚果文化中的双头犬，它具有神奇的魔力。由于狗能在村庄和野外之间自由来去，人们把它们看成那些被埋葬在定居点外的亡灵的灵媒。人们也用狗来占卜，特别是长着四只眼睛的科佐。据说，科佐长着像钉子一样的毛，背上还有一袋药物。在占卜仪式中，占卜者会把刀刺入它的身体，然后开始念咒语，咒语正确的话，他就能获得想要的信息，例如作恶者所在的地方等。

双头犬科佐雕像

约 1900 年

刚果民主共和国刚果族

铁、木、树脂

高 28 cm， 宽 25 cm，

直径 64 cm

上图・左

刻耳柏洛斯雕像

创作日期未知
来源地未知
青铜
高 5.8 cm

上图・右

上有赫拉克勒斯和刻耳柏洛斯黑色图案的双耳瓶

古希腊，约公元前 490 年
制作于阿提卡
发现于希腊埃伊纳岛
陶
高 43.8 cm

古希腊神话中也有一只多头犬，它就是为冥王哈迪斯守护冥界大门，防止任何人离开的刻耳柏洛斯。它的形象多种多样，有时是长着三个狗头、身上缠满毒蛇的样子，有时则是左上图中这种较为普通的样子。在这座小铜雕中，它看起来就像一只普通的狗，正在用三头中的一个舔着前爪。上方带黑色图案的双耳瓶呈现的是一个和它有关的著名神话故事：大力神赫拉克勒斯完成的十二大任务之一——从冥府把刻耳柏洛斯抓回来。画面中，大力神披着狮皮，用链子拖着这个双头冥界看门犬，陪同他的是众神使者赫耳墨斯和冥后珀耳塞福涅。

塞赫迈特是长着母狮头的埃及女神，她性格暴烈、凶狠，尤其是当她头顶日轮，以“拉神之眼”（拉神为古埃及的太阳神）形象出现时。在《哈里斯大纸莎草书》的插图中，我们看到法老拉美西斯三世十分敬畏塞赫迈特和其他孟斐斯诸神，塞赫迈特头上的黄色日轮环绕着一条眼镜蛇。

塞赫迈特还象征着瘟疫和沙漠的炙热，因此人们必须要想办法安抚她。于是，位于底比斯的法老阿蒙霍特普三世祭庙中就建造了很多塞赫迈特雕像，这些雕像后来被搬到位于卡纳克的穆特（另一位狮头女神）神庙。

左页图

塞赫迈特雕像

古埃及第十八王朝，法老阿蒙霍特普三世在位期间，约公元前 1390—前 1352 年
埃及穆特神庙
花岗闪长岩
高 76 cm，直径 72 cm

下图

哈里斯大纸莎草书（局部）

古埃及第二十王朝，法老拉美西斯四世在位期间，约公元前 1150 年
埃及底比斯
纸莎草
高 42.8 cm，宽 54.5 cm

米诺陶洛斯是克里特岛王后帕西法厄与海神波塞冬赐给国王米诺斯的白色公牛生下的怪物。因为米诺斯没有按照波塞冬的要求把这头白色公牛献祭给他，波塞冬便让王后和公牛生下怪物，以此作为惩罚。米诺陶洛斯经常以牛头人身的形象出现，不过这枚米诺斯文明晚期的印章呈现了一个有趣的变种：上半身是公牛和山羊，下半身是人。

在希腊神话中，米诺陶洛斯被关在迷宫里，雅典人每隔九年就要进贡童男童女给他吃。直到希腊英雄忒修斯来到克里特岛，在米诺斯的女儿阿里阿德涅的帮助下杀死了他。右页带黑色图案的阿提卡双耳瓶上呈现的就是米诺陶洛斯单膝跪地，被忒修斯杀死的场景。

下图

刻有米诺陶洛斯图案的透镜状印章

约公元前 1450—前 1350 年

制作于希腊克里特岛

斑岩

直径 1.7 cm

右页图

上有忒修斯杀死米诺陶洛斯黑色图案的双耳瓶

古希腊，约公元前 540 年

制作于希腊

陶

高 37.5 cm

在西方文化中，蛇通常不受欢迎。它让人们感到恐惧，尤其是当它以海德拉（大力神赫拉克勒斯在他的第二项功绩中杀死的蛇怪）这种九头大毒蛇的怪物形象出现时。文艺复兴时期的艺术家巴蒂斯塔·弗兰科（Battista Franco）就雕刻了赫拉克勒斯举起棍棒砸向海德拉的这个英勇时刻。据希腊神话记载，海德拉的头被砍掉后能迅速再生，只有在砍下它的头后用火灼烧颈部，才能把它杀死。

上图·左

赫拉克勒斯举起棍棒砸向海德拉

巴蒂斯塔 · 弗兰科（约1510—1561）
1530—1561 年
意大利
蚀刻版画
高 31 cm，宽 21.2 cm

上图·右

上有珀尔修斯杀死美杜莎黑色图案的奥帕壶（Olpe，一种宽边大壶）

约公元前 550—前 530 年
制作于希腊阿提卡
陶
高 25.5 cm

上图

戈耳工式样瓦檐饰

约公元前 500 年

发现于意大利加普亚

赤陶

高 29 cm

蛇发女怪美杜莎是戈耳工三姐妹之一。它相貌丑陋，任何人只要看见她的脸，都会变成石头。幸运的是，我们这里看到的美杜莎只是一个瓦檐装饰，它来自意大利南部城市加普亚一处建筑物的屋顶。长着蛇发、獠牙和翅膀，伸着舌头的美杜莎形象也出现在左页这个带有黑色图案的陶壶上。在壶身所呈现的场景中，希腊英雄珀尔修斯转过头避开和美杜莎正视，并且用剑刺向她的脖子。

巴吉里斯克是传说中的蛇怪，它长着翅膀，还具有其他一些鸟类特征。它的特别之处在于能用一个眼神就把人杀死。作为“蛇之王”，它往往长着类似皇冠的羽冠。在右侧署名为 DS 的艺术家创作的版画中，巴吉里斯克作为瑞士城市巴塞尔的纹章动物，脖子上挂着巴塞尔的盾徽。1511 年，巴塞尔的印刷商阿默巴赫（Amerbach）、皮特里（Petri）、福洛本（Froben）将这种蛇怪形象用作他们的标识，由该案例我们可以一窥 16 世纪的人们在设计纹章和其他象征性标志时的智慧。

左页丢勒所画的巴吉里斯克上方还有一个太阳和一轮弯月，这幅图原本是为他的朋友威利巴尔德·皮克海默在 1512 或 1513 年所写的一部手稿创作的插画。这部手稿是一部拉丁译著，皮克海默选择翻译的是赫拉波罗·尼利亚卡斯（Horapollo Niliacus）所著的《象形文字》。这本书写于公元前 4 世纪或前 5 世纪，主要研究的是用神秘的宗教象征符号系统来尝试破解古埃及的象形文字。虽然赫拉波罗的解读并不正确，但是皮克海默的拉丁文译本产生了很大的影响，并且引起了文艺复兴时期人们对复杂图案和符号的兴趣。

左页图

日、月与蛇怪巴吉里斯克

阿尔布雷希特·丢勒

(1471—1528)

1507—1519 年

德国

钢笔、黑色和褐色墨水

高 25 cm，宽 19.2 cm

上图

挂巴塞尔市盾徽的蛇怪巴吉里斯克

署名为 DS

1511 年

德国

木版画，凸版印刷

高 21.1 cm，宽 14.2 cm

海妖和海怪

所罗门群岛东南部的渔人和航海者们总是会格外小心，以免遇到海里危险的怪物。马基拉岛上一名酋长的房子外面用这样的一个海怪来守护房子。它长着类似鱼的头和手脚，头顶还有海怪们跳出水面袭击人类时所使用的长矛——长嘴硬鳞鱼。

在所罗门群岛的东南部，人们认为死去的祖先可能会化身为鲨鱼来保护后代在海上的安全。在一个广为流传的故事中，有个活着的人变成了一头鲨鱼，右图的雕刻展示了他变形的过程。这把半人半鲨形的骨制尖刀是人们嚼槟榔时取酸橙共嚼用的。

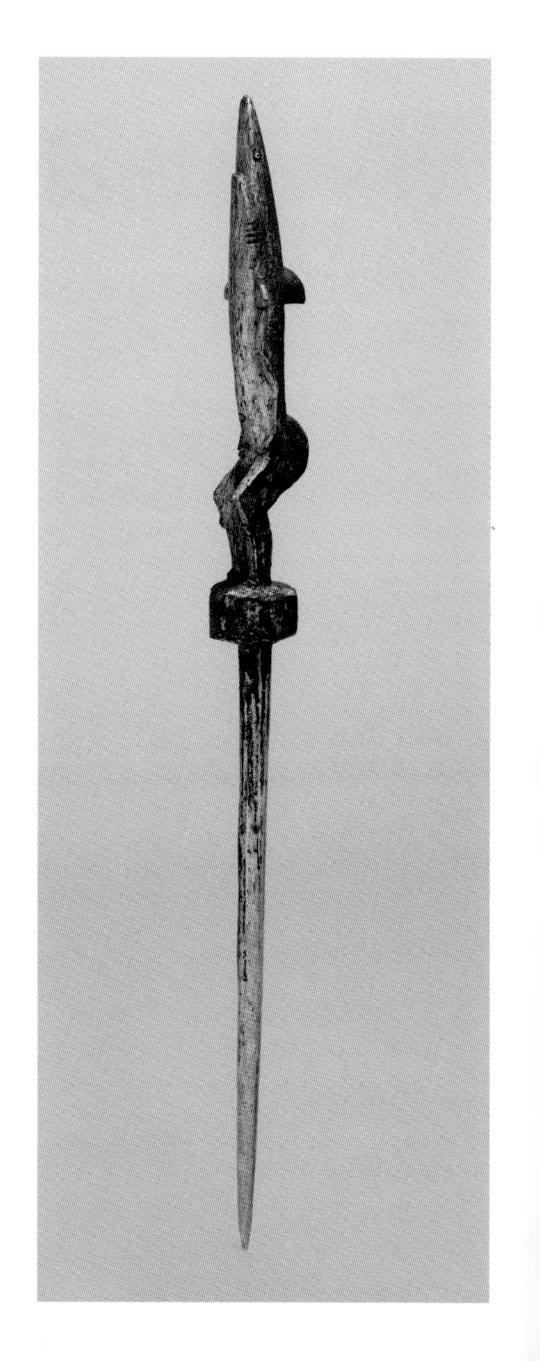

右图

带鲨鱼人手柄的酸橙尖刀

早于 1910 年

所罗门群岛马莱塔岛

骨

长 42.4 cm

右页图

颈部有白色羽毛的鱼形海怪像

早于 1893 年

所罗门群岛马基拉岛

木、羽毛

高 72 cm

虽然右页的日本根付看起来有点像海马，但它实际上是一个虚构生物。上方低着的头部形成一个弓形，用来挂在和服腰带上，下方尾部的孔用来系绳子。它的形状是由它的功能所决定的。

传说中的美人鱼则有着更广泛的吸引力。很久以来，许多文化都相信它们的存在。虽然它们的起源能追溯到远古时期，但就在1822年，一条来自日本的美人鱼还曾在伦敦展出。下图中这条美人鱼据说是日本在18世纪捕捉到的，而200年之后，它被赠送给维多利亚女王的第三个儿子亚瑟王子。不过，这件美人鱼的干样本灵长类动物的上身和鱼类的尾部，让它看起来并不完全可信。

下图

猴身鱼尾的“美人鱼”像

约1700—1800年

日本

长38 cm

右页图

海马根付

19世纪中期

日本

骨、珊瑚、黑角

高7.5 cm

左图

美人鱼铜章（反面）

保罗-马塞尔·达曼（Paul-Marcel Dammann，1885—1939）设计
1929 年
制作于法国
青铜
直径 6.8 cm

上图

铰接式木质美人鱼头饰

20 世纪 50 年代
墨西哥格雷罗州
木、纤维
长约 114 cm

神话动物形状的大口壶
辽代，907—1125 年
中国内蒙古林东（Lindong）窑厂
炻器
高 13.4 cm，宽 18.2 cm

美人鱼的形象有着多种用途。它们常常出现在各种角色扮演和大众娱乐活动中，比如左页尾巴颜色鲜亮、身体各部位能活动的美人鱼就是一副墨西哥的舞蹈面具。而面具下方纪念法国作曲家阿尔伯特·鲁塞尔的美人鱼铜章则呈现了一个经典的西方美人鱼形象——既充满诱惑又遥不可及。

上图这件中国辽代时期的藏品也是一种类似美人鱼的生物，它的身上半覆着鱼鳞，鱼尾向上翘起，还长着一对羽翼。不过，美人鱼在中国动物形象中并不常见，这个长翅膀的生物可能更接近唐代和辽代绘画中的飞天形象，因为她和飞天一样慈眉善目，并且做着类似双手合十的动作。

乍一看，下图的陶制还愿像和右页的银章上刻画的生物很像是美人鱼，不过再仔细观察一下，我们会发现，这个生物不仅长着弯弯的鱼身，胸前还长着两个狗头。它其实是希腊神话中吞吃水手的女海妖斯库拉。在希腊神话中，她生活在海峡的一边，海峡的另一边则住着大漩涡怪卡律布狄斯。过往的船员们即使逃过了斯库拉的血盆大口，也逃不过卡律布狄斯的大漩涡，因此人们常用“在斯库拉和卡律布狄斯之间”来表示一种进退两难的困境。

下图

女海妖斯库拉浮雕

古希腊，约公元前 450 年
制作于希腊基克拉泽斯群岛
发现于希腊埃伊纳岛
赤陶
高 12.5 cm

下图 · 左

上有赫拉克勒斯大战特里同黑色图案的提水罐

古希腊，约公元前 530—前 520 年
制作于希腊阿提卡
发现于意大利武尔奇
陶
高 42.5 cm

下图 · 右

刻有女海妖斯库拉的银币（反面）

约公元前 420—前 410 年
铸造于意大利阿格里真托
直径 2.5 cm

特里同是古希腊神话中海神波塞冬之子，他胸部以上是人形，胸部以下是鱼尾。这只带有黑色图案的阿提卡提水罐展现的就是希腊英雄赫拉克勒斯大战特里同的场景：赫拉克勒斯披着标志性的狮皮，双腿夹住了特里同的身体；特里同上半身长有长发、尖胡须和其他人类特征，下半身则长满了鱼鳞。

左页图

鹦鹉螺壳杯

约 1550 年

可能来自德国纽伦堡

珍珠鹦鹉螺壳，镀金的银底座

高 26.1 cm

上图・左

海马和骑手吊坠

约 1800—1847 年

可能制作于法国巴黎

珐琅、金、祖母绿、珍珠

高 8.7 cm

上图・右

海龙吊坠

19 世纪

可能制作于法国巴黎

珐琅、金、珍珠

高 9.3 cm

对 16 世纪的欧洲人来说，左页图中产自中国南海的鹦鹉螺壳即使没有雕刻龙形图案，也是一件异域奇珍了。文艺复兴时期的匠人们别出心裁，结合镀金的银材，将其制成了一只装饰性杯子。杯口处海怪张开大嘴环绕着螺壳，海怪头顶是幼年的大力神赫拉克勒斯，他的手里正抓着一条蛇。而杯子的支座则看起来十分写实，可能是按照真实的鹰爪铸造的。

上方的海马和海龙吊坠更为奢华，鱼身马头的海马背上还坐着一个手拿三叉戟的女子。这两枚吊坠都由金和不同颜色的珐琅制成，并带有珍珠挂链，海马吊坠上还镶有祖母绿。

左图

海怪玻璃水壶

巴卡拉水晶工坊

约 1878 年

法国洛林

玻璃

高 31.9 cm

右页图

大鱼吃小鱼

彼得·范德海登（Pieter van der Heyden，约 1530—1584 后）仿老彼得·勃鲁盖尔（Pieter Brugel the Elder, 1526/1530—1569）

1557 年

荷兰

雕版画

高 22.7 cm，宽 29.6 cm

这只由著名的巴卡拉水晶工坊制作的大口玻璃水壶，采用细腻的雕刻工艺展现了一个虚构海怪奇异的身体特征。海怪的嘴部正好是水壶的壶嘴，鳞片由壶颈和壶肩上的轮状花纹表示，华丽的尾巴则缠绕在底座附近。它的制作灵感来自 17 世纪早期的水晶工艺，并曾作为珍贵的藏品在 1878 年的巴黎世界博览会上展出过。

如果说这件玻璃制品代表了奢华，那么彼得·范德海登参考老彼得·勃鲁盖尔作品制作的版画，则代表了对贪婪的直接批判。画面中，一个饕餮般的海怪不断吐出鱼和其他混种生物（例如左上方在行走的鱼形人）。讽刺的是，大鱼又在吃着小鱼。画面下方的渔船上，一名男子正在教育他的孩子，船下面的文字恰当地写着“富人用权力压迫着你”。于是，幻想变成了表达政治寓言的工具。

《旧约·约伯记》中记载了上帝对清白的人所安排的考验，这些段落是圣经中最具诗意的部分之一。《约伯记》第 40 和 41 章提到了体现上帝力量的两个怪物——陆地巨兽贝希摩斯和海中怪兽利维坦。它们往往被认为分别是河马和鳄鱼，威廉·布莱克的版画中所展现的正是这两只怪兽。作为一名诗人，布莱克似乎对画面上方正在接受上帝旨意的约伯所承受过的苦难感同身受。

利维坦的形象出现在布莱克为杰出的海军将领纳尔逊描绘的“精神肖像”油画习作中。海怪利维坦代表了对战争的末日想象，不过这幅画中驾驭利维坦的不是上帝，而是这名海军指挥官。这幅画采用了少见的离心式构图，从纯粹的力量感和狂暴感的角度来讲，该作品无疑是出类拔萃的。这幅习作其实是两个“伟大的神一般的典范”中的一幅，另一幅作品画的是英国史上最年轻的首相小威廉·皮特和贝希摩斯。布莱克曾将皮特描述为“那个乘风破浪、在战争风暴中运筹帷幄、执行上帝旨意的天使”，这句话也可以用来描述纳尔逊。

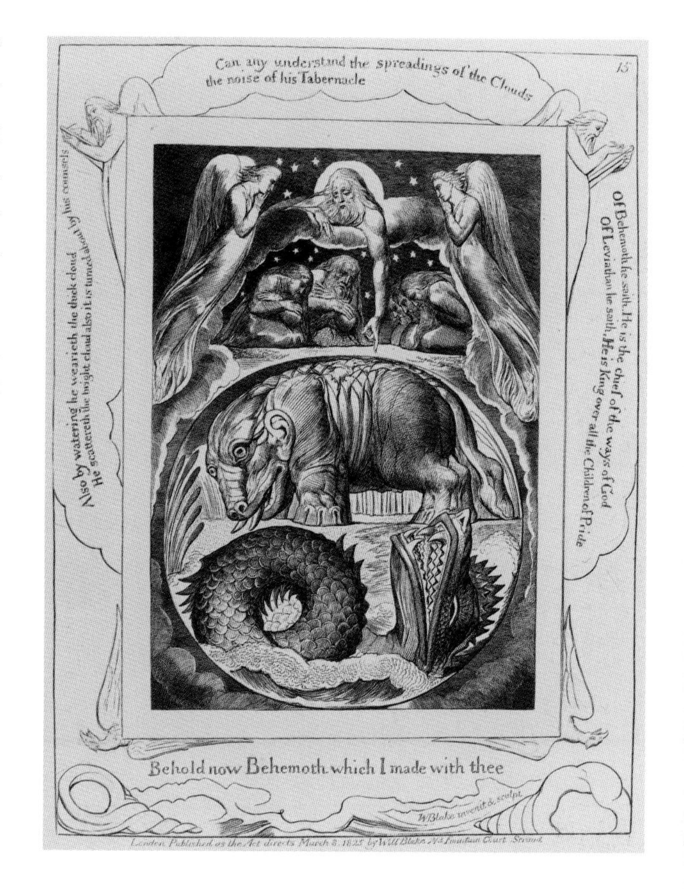

上图

《约伯记》插图

威廉·布莱克（1757—1827）

1826 年

英国

雕版画

高 21.7 cm，宽 17 cm

右页图

为油画《纳尔逊驾驭利维坦的精神形态》所作的速写

威廉·布莱克（1757—1827）

约 1805—1809 年

英国

石墨

高 29 cm，宽 26.4 cm

大英博物馆文物馆藏号

按页码顺序。
l代表左；r代表右；t代表上；b代表下；c代表中间。

6	1957,0501.1
7l	1895,0915.976
7r	1891,0511.21
8	1872,1213.1
9l	1886,1112.3
9r	1929,0511.1—2
10	1816,0610.12
11	1805,0703.130
12/13	EA 10016,1
18	Palart.855
19	Palart.551
20/21t	Palart.550
21b	Eu1948,02.2
22	Am2006,Drg.215
23	Am1981,25.38
24	1892,0520.8
25	EA 37977
27t	1856,0909.16 ME 124868
27c	1856,0909.16 ME 124866
26	1856,0909.15 ME 124852
27b	1856,0909.16 ME 124869
28	Af1898,0115.31
29	Af1979,10.1.a
30	1908,1118.1
31	Am1909,1218.59
32/33t	1963,1002.1
34	2010,3031.1
35r	1920,0917,0.286
35l	G.312
36/37l	1953,0411,0.10
37r	WB.40
38	1981,0101.480
39	1859,0216.103
40	1913,0501,0.531
41	1913,0501,0.531
42	EA 38
43	Af2001,03.13
44	1946,1121.3
45	1920,0917,0.5
46	1868,0808.11341
47	1989,0128.56
48	1990,0710.1
49	1989,0322.1
50	1945,1017.628
51	1946,1012.1.a–c
52/53	1937,1009,0.1–4
54	1912,1012.20

55	1910,1111.30
56	1974,0513.8.a–b
57	1896,0511.9
58	1830,0612.1
59	G.4508
60	Am1849,0629.1
61	Af1954,08.1
62	Am1909,1218.62
63t	F.782
63b	EA 37097
64b	SL,5261.101
65	1882,0311.2954
70	1910,0212.364
71	2003,0430.43
72l	1992,0615.60
72r	1848,1104.1
73	1936,1012.228
74	2001,0521.2
75	Am1921,0721.1
76	1922,0711,0.3
77	EA 52947
78	1920,1216,0.2
79	1955,1008,0.95
80	1928,1010.3
81l	1896,0201.10
81r	1857,1220.238
82	1867,0508.1133
83t	1816,0610.98
83b	1923,0401.199
84	Af2005,09.10.a–b
85	1864,1021.2
86	1855,0816.1
87t	1841,0624.1
87b	1885,1113.9051–9060
88	1831,1101.103
89	1853,0315.1
90	1805,0703.8
91	2001,1010.1
92/93	1848,1125.3
94	1923,0314.80.CR
95	1923,0314.71.CR
96	1925,1016,0.16
97	1967,1016.1
98	EA 64391
99	1917,1208.2535
100	1913,0415.181
101	1868,0822.881
102	1816,0610.86
103t	1816,0610.42
103b	1816,0610.43
104	1926,0930.48
105	1824,0414.1
106	1825,0613.1
107	1966,0328.1
112	1909,0605.1
113	Ii,8.8
114	1868,0110.371
115	1859,1226.24
116	1931,0427,0.1
117	2006,0424,0.1
118	1857,1220.414
119	1959,1102.59
120	SL,5275.60
121	1906,0509.1.66
122t	SL,5275.61
122b	1955,1008,0.95
123	SL,5279.1
124	1906,0509.1.57
125	1906,0509.1.60
126	1895,0122.714
127	1980,0325.1–2
128	SL,5261.167
129	1875,0508.106
130	1935,0522.1.169
131	1864,0714.35
132	1935,0522.2.36
133	1868,0808.8815
134	1866,0407.146
135	1945,0204.5
139	1947,0712.489
140l	EA 52831
140r	E,2.7
141	EA 9901,8
142	1873,0809.481
143	1929,1017.1
144l	1886,0505.44
144/145	1920,0917,0.126
146	1949,0411.421
147l	1848,0721.43
147r	2003,0718.1
148	AF.2892
149	1980,0307.30
150	EA 618
151	1978,1002.58
152t	1845,0809.279
152b	1845,0809.278
153t	1845,0809.281
153b	1845,0809.280
154	EA 20791
155	EA 2
156l	1895,0122.392
156r	Af1941,02.1
157	1966,0703.1
158	1912,0716.1
159	WB.43
160/161	SLMisc.1778
162	1927,0404.3
163	Franks.405
164	EA 67
165	EA 16518
166	Am1894,–.634
167	Am1825,1210.1
168	N.1337
169	1946,0702.2
170	EA 74
171	EA 7876
172	EA 54460
173	EA 58323
174	EA 37983
175	EA 55193
176t	1948,0410,0.72
176b	HG.765
177	1906,1128,0.2
178	1861,1024.1
179t	Af1954,23.294
179b	Af1910,1005.63
180	1939,1010.5
	1939,1010.5.a
181	1864,0502.17
	1864,0501.9
	1864,0502.17
182	1932,0307.5
183	1856,0623.166
184l	1845,0809.75
184/185	1834,0804.41
186/187	1834,0804.45
191	2015,2024.2
192	EA 1770
193	1850,1228.2
194	EA 58892
195	EA 24656
196l	N.9
196r	EA 50699
197l	EA 50702
197r	EA 50703
198	1897,1231.116
199	1921,0412.2
200	1870,0315.16
201	OA.24
202	As1859,1228.207
203	1887,0714.1
204l	1992,0615.24
204r	1936,1012.224
205	1938,0202.1
206	1950,1115.1
207	1953,0208.1
208l	1999,0802.377
208r	1947,0712.231
209	1969,0618.1
210	HG.371
211	1953,0713.21
212	Franks.1482
213tl	1942,0714.5
213tr	1957,1219.1
213b	F.816
214	1986,0603.1
215	1858,0428.1
216	1848,1020.1
217	1843,1103.31
218	1938,0318.1
219	1951,0606.10
220t	Am,St.399
220b	Am.8624
221	Am1931,1123.1
222	EA 41552
223t	EA 9995,3
223b	EA 7853
224	Af1905,0525.6
225l	1772,0302.75
225r	1893,0712.11
226	EA 89
227	EA 9999,43
228	1877,0728.3
229	1920,0315.2
230l	2006,U.476
230r	1849,0620.5
231	1877,0802.4
232	1932,0709.2
233	1895,0122.131
234	Oc1940,03.18
235	Oc1904,0621.14
236	As1942,01.1
237	F.810
238t	Am1977,24.14
238b	1982,0307.6
239	1937,0716.69
240	1867,0508.673
241	1843,1103.85
242	WB.114
243l	WB.156
243r	WB.159
244	1991,0702.1
245	1866,0407.12
246	1944,1014.208.16
247	1873,1108.376